마흔 이후,
여덟 가구가 모여
**평생 살 집을
짓다**

일러두기
글맛을 살리기 위해 입말 표현이나 방언을 그대로 사용한 경우도 있습니다.

협동조합으로 집짓기

마흔 이후,
여덟 가구가 모여
**평생 살 집을
짓다**

홍새라 지음

윤승현
(건축사사무소 인터커드 대표)

고도의 경제성장 시기에는 개발로 인한 경제적 부가가치 창출을 기대할 수 있었습니다. 하지만 요즘과 같은 안정 정체기에는 그러한 부가가치를 기대하기 힘들기 때문에 그 대안으로 주민에 의한 마을 재생에 대한 관심이 늘고 있습니다. 이는 공급자 중심의 획일적인 개발방식으로는 주거 환경의 다양한 요구를 모두 담아내기 어렵기 때문이기도 합니다. 수요자 스스로 자신의 요구를 표현하고, 의견을 조율하여 반영, 개발하는 방식은 수익을 전제로 한 재개발방식이 위축되고 있는 상황에서 어찌 보면 필연적 선택일 수밖에 없습니다. 이런 점에서 '구름정원사람들 협동조합주택'과 같은 협동조합주택 개발방식은 마을 재생의 좋은 예이고, 앞으로도 지속적으로 활성화되리라고 봅니다.

2013년 6월 창립된 '하우징쿱주택협동조합'의 1호 사업이었던 구름정원사람들 협동조합주택은 북한산 등산로 입구, 마을의 끝단에 자리하고 있습니다. 511㎡(약 155평) 부지에 8세대의 보금자리와 3개의 점포로 분할된 근린생활시설이 들어가는 복합시설로, 평당 350만 원가량의 공사비를 기준으로 기획되었습니다. 무엇보다 8가구의 평생보금자리가 될 60㎡(전용면적 기준, 약 18평) 이내의 단위주택과 전체면적 198㎡(약 60평) 규모의 상가시설을 배치해 8가구 입주민이 노후대비용 임대수익을 얻을 수 있도록 계획되었습니다. 여기에 더하여 지하수 활용, 태양광집열판 설치, 단열의 내·외벽 이중설치를 통해 불필요한 에너지 소비를 줄이고 친환경 에너지를 적극 활용하여 최소의 유지비를 지속할 수 있는 주택 건립을 목표로 삼았습니다.

구름정원사람들 협동조합주택은 마을과 산이 만나는 접점에 위치합니다. 남서쪽은 재개발지역으로 지구 지정되었다 해제된 이후 주거환경관리구역으로 선정된 노후주거지 밀집지역에 접해 있고, 북동쪽으로는 풍부한 녹지의 북한산, 특히 송림으로 둘러싸인 수려한 경관이 펼쳐져 있습니다. 바로 이 북동쪽의 아름다운 북한산 풍경은 구름정원사람들 협동조합주택 조합원들이 이곳에 집을 짓기로 결정하는 데 가장 큰 동인이 되었습니다. 그렇기 때문에 주택 설계 구상은 모든 세대가 기대하는 북한산, 솔숲 조망과 일조를 공평하게 나누고 누리는 것, 그리고 다 함께 공유할 수 있는 공동의 공간을 고려하는 것부터 시작되었습니다. 또한 이에 못지않게 중요한 점이 각 세대 구성원의 삶의 방식을 반영한 8개의 맞춤형 공간 구성이었습니다. 이러한 사항들을 충분히 고려하여 설계를 발전시킨 결과, 구름정원사람들 협동조합주택은 같은 규모이되 각기 다른 형식인 3개의 복층집과 5개의 단층집으로 설계되었습니다.

자연 경관을 모든 세대가 함께 바라볼 수 있도록 설계한다는 원칙은 이웃 간의 연대감을 돈독히 하는 계기가 되었고, 각 세대의 공간을 개성 있게 만드는 데에도 일조했습니다. 이는 8가구가 여러 차례 회의를 통해 설계에 참여, 의견을 조율해나가는 부단한 노력 끝에 얻어낸 결실입니다.

2~4층에 조합되어 있는 8가구의 집은 계단실을 감싸고 있는 모양새입니다. 그럼에도 계단실은 외부와 적절히 연계되어 있습니다. 입주민들 모두가 사용할 수 있는 공용 공간을 계단실에 연계해 모든 층에 분산 배치함으로써 이웃끼리 자주 어울리고 소통할 수 있도록 설계되었기 때문입니다. 또한 입주민들의 합의로, 건물 입구에 건물을 관통하는 마을길을 두어 마을 사람들, 나아가 지역사회와 교류할 수 있도록 확장하였습니다.

부지 확보, 조합원의 모집, 공동체 결성, 사업 기획, 설계와 공사, 입주와 유지관리 등 일체의 개발에 관련된 일련의 과정은 멀고도 험합니다. '평생을 함께할 소중한 보금자리를 마련'하는 일인 만큼 전문가와 입주자가 지식과 지혜를 모아 함께 집을 짓는 모든 과정은 쉽지 않지만, 하나하나 의미가 있고 그 결실 또한 값집니다. 그렇기 때문에 이제 막 첫발을 뗀 '하우징쿱주택협동조합'이 더욱 확충되고 성장해나가야 할 것입니다. '개발의 수익이 공급자가 아닌 수요자에게 돌아갈 수 있는 착한 시행자'로서의 역할을 강조하는 '하우징쿱주택협동조합'의 지향점이 '집이란 무엇인가?'를 고민하는 많은 사람들에게 시사하는 점이 크기 때문입니다.

비록 조합이 소유해 지속하는 형식의 협동조합주택은 아니지만, 구름정원사람들 협동조합주택은 앞으로 재생 방식의 주택 개발에 좋은 본보기가 될 수 있을 것이라 생각합니다. 무엇보다 구름정원사람들 협동조합주택이 소중한 꿈과 포부를 집에 온전히 투자한 입주민들의 아름다운 미래와 기회를 펼칠 살가운 주거공간으로 그들과 평생 함께하길 기대합니다.

목차

여덟 가구, 협동조합으로 집을 짓다

'집'이라는 말은 나에게 늘 어린 시절의 집을 떠올리게 한다. 대추나무와 살구나무가 둘러선 바깥마당, 대문가에 붙어 있던 큰 사랑방, 대문 안의 안마당, 그 위의 봉당, 또 그 위에 마루를 중심으로 펼쳐지던 부엌, 작은 사랑방, 안방, 윗방이 있던 곳이었다. 큰 사랑방에서는 바깥마당으로, 작은 사랑방에서는 담 안 뒤란으로 드나드는 문이 있고 안방과 윗방과 부엌에서는 장독대가 있는 뒤란을 통해 텃밭으로 드나드는 울타리나무가 있었다.

그중 큰 사랑방은 오빠들이 썼는데 부모 몰래 밖으로 놀러 가기도 하고 동네 오빠들이 놀러 와서 굿을 하듯 놀기도 했다. 작은 사랑방은 할머니가 쓰며 뒤란에 달리아나 나리 등을 키웠는데, 아버지 몰래 막걸리를 받아다 드시고는 고래고래 노래를 부르기도 하셨다. 또한 윗방은 언니와 내가 썼는데 쌈질을 하지 않으면 뒤란 울타리나무를 통해 TV가 있는 집으로 연속극을 보러 가기도 했다. 어린 동생 둘을 데리고 안방을 썼던 부모님은 각 방에서 일어나는 이 모든 소란들을 듣고도 못 들은 척, 보고도 못 본 척해주었다. 그러다 참지 못하면 아버지가 나서서 오빠들이나 우리 자매를 야단치기도 했고 할머니를 걱정하기도 하셨다. 그런 날이면 할머니는 뒤란의 꽃들에게 말을 걸고 오빠들은 바깥마당의 대추나무 가를 맴돌았으며 우리 자매는 윗방 뒤란 무궁화나무울타리 밑에서 훌쩍였다. 건축가 김중업 선생이 "집이란 어드메 한구석 기둥을 부여잡고 울 수 있는 공간이 있어야 한다"고 말했던 그 공간을 갖추고 있던 셈이다.

작더라도 그런 집에서 살고 싶었다. 마당과 텃밭이 있고 식구들이 각기 독립적으로 울고 웃을 수 있는 공간이 숨어 있는 집. 그러려면 단독주택이어야 했고 시골이어야 했다. 나이 들수록 그 욕구는 강해졌다. 그러나 현실이 녹록지 않았다. 그러던 중 북한산 밑에 협동조합으로 집을 짓는다는 얘기를 듣고 참여하게 되었다. 내가 살고 싶은 집을 언제 지을 수 있는지 알 수 없는 데다 그곳으로 가면 텃밭도 할 수 있고 설계에도 직접 참여할 수 있다고 했기 때문이다.

협동조합? 솔직히 고백하건대, 그에 대한 생각은 거의 하지 않았다. 그런데 사람들과 만나고 집 짓는 일들이 진행되면서 내가 현실에서 가장 힘들어하는 아파트 삶을 극복할 수 있는 게 바로 이 형태라는 생각을 하게 되었다. 머릿속에서는 다시 어린 시절의 우리 집을 넘어선 동네 일상들이 떠오르기 시작했다. 동네 근방에 가게가 없어서 집집마다 돌아가며 가게를 운영하던 일, 추수가 끝날 때면 햅쌀로 떡을 해서 동네에 돌리던 일, 바쁜 농사철이면 돌아가며 품앗이하던 일, 궂은일이든 좋은 일이든 어느 집에 큰일이 생기면 남자들은 남자들대로 여자들은 여자들대로 나서서 그 집의 일을 돕던 일 등등. 어렸던 내가 어른들 속내를 일일이 알 수야 없었지만, 서로 토론하고 결론 내리는 민주적인 과정과 협력과 자발성에 근거하지 않고는 절대 이루어질 수 없는 것이란 생각이 들었다. 그리고 우리 부모와 부모의 부모들이

해오던 그것이 바로 다름 아닌 협동조합임도 깨닫게 되었다.

　나는 위의 두 가지를 기본으로 하여 첫 모임부터 입주하기까지 1년이 넘는 과정 동안 집 짓는 일에 동참했다. 이 책은 그에 대한 기록이다. 물론 협동조합으로 집을 지었으므로 나만의 이야기는 아니다. 함께한 여덟 가구가 어떻게 해야 여럿이 살아가기에 좋은 집 구조를 만들 수 있는가 의논하고 입주 후에는 어떻게 해야 공동체를 잘 운영할 수 있는가 고민한 것들이 녹아 있다. 그러한 과정에서 빠지지 않는 게 '사람'의 이야기고 '관계'의 이야기다. 그래서 이 책에는 또한 사람들의 다양한 모습과 관계 형성에 대한 고민들도 드러난다. 우리에게는 단순히 여러 명이 모여 '집'을 짓고자 하는 게 아니라 그 '집'을 매개로 함께 살고자 하는 꿈이 있었던 까닭이다.

　처음이라는 것이 늘 그렇듯 협동조합으로 집을 지은 것은 우리가 처음이라 부족한 게 많았다. 하지만 우리 부모와 부모의 부모들이 해왔던 풀뿌리 정신이 우리들 저 깊은 곳에 무늬져 있었기에 이를 수월하게 극복할 수 있었다고 자부한다. 앞으로도 우리는 계속 우리의 '집'을 통해 이 정신을 더욱 풍부하게 만들어갈 것이다.

　여덟 가구가 모여서 이전에 살던 것과는 다른 의미의 집을 지었다. 나는 이 집에 어릴 적 큰 사랑방처럼 우리 모두 모일 수 있고 지인들도 불러 모임을 할 수 있는 '사랑방'이 있는 것, 각 층마다 안마당 같은 공용테라스를 둔 것, 집과 집 사이의 계단과 계단참이 널찍하고 밝은 것, 건물 출입구 앞으로 동네 사람들이 다닐 수 있도록 넓은 통로를 만들어놓은 것, 작긴 하지만 공동세탁실이 있는 게 참 좋다. 사람들이 쓰지 않을 때 사랑방은 내가 울고 싶을 때 가는 공간이 되었고, 바람 잘 통하는 출입구 앞 통로는 어릴 적 바깥마당과 같이 집 밖 사람들과 이야기를 나누거나 동네를 내다볼 수 있는 곳이 되었고, 세탁실과 그에 딸린 테라스는 건물에 살고 있는 사람들과 우연히 만나 수다를 떨 수 있는 데가 되었으며, 계단과 계단참은 늘 햇빛이 쏟아져서 다닐 때마다 마음 환해지는 곳이 되었기 때문이다.

이 글을 쓰기 위해 각 가구 조합원들을 취재했다. 책에 꼭 들어갔으면 하는 내용이 어떤 건지 물었을 때 한 분이 '집이란 무엇인가?'에 대해 질문을 던질 수 있는 글이었으면 한다고 했다. 참 중요한 말이다. 또한 우여곡절을 겪으며 집을 짓는 동안 우리 여덟 가구가 수없이 고민했던 일이기도 하다. 모쪼록 이 책이 협동조합으로 집을 지으려는 사람들, 꼭 협동조합이 아니어도 여럿이 집을 지으려는 사람들, 집에 대해 고민하는 이들, 집이 무엇인가 묻는 이들, 집이라는 공간에서 주위 사람들과 즐겁게 살아가고자 하는 이들에게 많은 도움이 되었으면 한다.

2015년, 가을의 문턱에서

홍새라

"동네 입구로 들어서자 수묵화 같은 북한산 풍경이 눈에 가득 들어왔다.
지금 사는 동네에도 집 바로 뒤에 산이 있지만 그것과는 비교할 수 없을 만큼
크고 우람한 속살을 드러낸 바위산의 모습이었다.
운명이야! 마음이 한없이 편안해진 나는 딱 한 마디를 뱉었다."

만나
다

1

땅을 보다

○ "중요한 얘기니까 잘 들어줘."

새삼스럽게 뭐가 그리 중요한 얘기인가 싶어져서 수화기를 고쳐 들었다.

"뭔데 그렇게 목소리를 깔아?"

"진짜 진지하게 들어줘."

남편이 여전히 조용한 목소리로 다짐을 두듯 했다.

"서울 불광동 북한산 밑에 4층짜리 집을 짓는데, 지하1층이랑 지상1층은 상가 건물이어서 매달 몇십만 원가량의 노후 자금이 나올 수 있대. 당신이 원하는 조건에 딱 맞잖아. 아파트도 떠날 수 있고 땅 가까이에서도 살 수 있고 산도 뒤에 있고."

딱 맞으면 뭘 해. 그런 조건에서 안 살고 싶은 사람 있나?

그 생각을 하던 나는 시큰둥하니 물었다.

"가격은 얼마라는데?"

"주택은 2억 2천이고 상가 포함해서 3억 2천이래."

"2억 2천? 그 정도면 전세가인데 정말로 집을 지을 수 있다는 거야?"

눈이 똥그레진 나는 다시 물었다.

"그렇다니까. 협동조합으로 해서 그런가봐. 그리고 주인이 땅을 시가보다 싸게 내놓았는데 자기도 입주민이 되려고 한대."

"당장 계약해."

"뭐?"

"당장 계약하라고. 협동조합으로 하니 믿을 수 있겠다 북한산 밑이겠다 상가에서 다달이 돈까지 나온다는데 망설일 거 없잖아."

"그래도 하루만 더 생각해보지. 정보를 준 K가 그러는데 땅은 가보고 결정하라고 하던데."

"알았어."

그 통화 다음 날, 우리는 곧바로 땅을 보러 불광동으로 갔다. 동네 입구로 들어서자 수묵화 같은 북한산 풍경이 눈에 가득 들어왔다. 지금 사는 동네에도 집 바로 뒤에 산이 있지만 그것과는 비교할 수 없을 만큼 크고 우람한 속살을 드러낸 바위산의 모습이었다. 앞집에 누가 사는지도 모른 채 점점 아파트라는 건물 안에 고립되어가는 삶, 이제는 스스로 그것을 닮아 말라비틀어진 걸레처럼 물기 없어진 감성, 하루 24시간을 보내며 숨이 막혀올 때마다 그곳을 벗어날 수 있다면 뭔 짓이라도 하고 싶던 마음…… 그래서 툭하면 시골로 땅을 보러 다니던 일, 최근에는 동네 근방 다세대주택이라도 좋으니 제발 아파트를 탈출하자고 버릇처럼 되뇌던 일, 급기야 더는 하루도 이렇게 못 살겠다며 원룸에다 작업실을 얻던 일들이 차창으로 스쳐가는 사물들처럼 떠올랐다.

집 주위로 가까이 다가갔다. 장마가 막 끝나가던 무렵이라 땅 주변에는 물안개가 가득 피어올라 있었다. 도랑에서는 물소리까지 시원스레 났다. 운명이야! 개울물소리 파도소리를 들으면 마음이 한없이 편안해지는 나는 딱 한 마디를 뱉었다.

집 앞의 수려한 적송들과 집 위의 오래된 상수리나무들을 찬찬히 돌아보고 나서는 아직 그곳에 살고 있는 땅 주인 L을 만났다. 상수리나무가 있는 터에 공원이 만들어질 거라는 얘기, 밑에 있는 구청 땅 일부도 집터가 될 거라는 얘기, 후일에는 복개된 도랑도 철거되어야 할 거라는 얘기 등을 들었다. 그제야 도랑으로 물이 흐르는 게 아니라 장마 때여서 위에 있는 계곡물소리가 세게 들렸다는 것을 알았다. 그래도 집을 짓는 데 동참하는 마음에는 아무 영향이 없었다. 우리나라 최초의 주택협동조합인 '하우징쿱주택협동조합^{이하 하우징쿱}'에도 가입했다.

며칠 후, 앞으로 내 집이 들어설 터가 궁금하고 한 번이라도 더 보고 싶었던 우리는 그 동네 뒤에 있는 족두리봉에 오르기로 했다. 족두리봉! 이름만 들어도 왜 그런 이름이 생겼는지 궁금하지 않은가?

전철을 타고 간 우리는 우선 독바위역에서 내렸다. 궁금증이 생기면 참지 못하는 성격이라 나는 바로 안내소로 달려갔다.

"여기가 왜 독바위역인가요?"

"모르겠는데요."

직원의 대답에 머쓱해져서 돌아섰다. 나중에 안 사실이지만 독바위역은 독박골[1]^{독바위골}에서 붙여진 이름이었다. 또한 이 독박골은 바위가 항아리와 같다 해서 붙여진 지명이라는 설과 인조반정 당시 일등공신이었던 원두표 장군이 숨어서 거

[1] 『재미있는 은평 이야기』, 민미디어, 이성영, 59P

20

사를 도모했던 덕바위굴의 이름에서 유래했다는 설이 있었다.

그렇다면 족두리봉의 유래[2]는 어떠할까?

옛날 이 고을에 어여쁜 처녀가 살고 있었다고 한다. 어느 무더운 여름날 처녀는 산기슭 연못에서 목욕하려고 옷을 벗어놓았다. 그런데 그만 옷이 바람에 날려 연못에 빠지고 말았다. 처녀는 옷을 건지려고 물속으로 들어갔는데 그녀마저 물에 빠져 허우적거리게 되었다. 지나가던 이웃 마을의 총각이 이를 보고 그녀를 구해주었다. 그것이 인연이 되어 둘은 서로 사랑하게 되었고 결혼 날짜도 잡았다. 그날이 바로 칠석날이었다.

신부는 옷을 곱게 차려입고 족두리를 쓴 채 신랑을 기다렸다. 그런데 비가 너무 많이 와서 신랑은 강을 건널 수가 없었다. 그것이 칠일, 보름, 한 달이 되었고 처녀는 그만 굶어 죽고 말았다. 그리고 그 처녀가 죽은 자리의 하늘에서 섬광이 비치더니 지금의 족두리바위가 생겼다고 한다.

족두리봉의 전설을 이야기하며 오르는 산길은 초입부터 가파른 바위로 이루어져 있었다. 다리가 아프고 숨이 가쁠 즈음 아래를 내려다보았다. 북쪽으로는 산 깊숙이까지 파고든 은평뉴타운아파트 단지가, 동쪽으로는 구기터널이, 서쪽인 발 아래로는 부챗살처럼 아기자기하게 퍼진 은평 일대가 보였다. 또다시 숨을 헉헉거리며 오른 끝에 슬픈 전설을 남긴 족두리봉[3]에 닿았다. 생긴 모양이 정말로 족두리처럼 생긴 바위 아래로 북악산, 남산타워, 관악산,

2) 「자사목(2013. 10. 07) 북한산 족두리봉 힐링 산행 안내」, 인터넷 다음 카페 '자연심리상담연구소 & 자연마음놀이터', 게으른 산책, 힐링·미술·유머·여행, 콤파스

3) 나중에 알았지만 족두리봉은 최근에 불리기 시작한 이름이며 예전부터 오랫동안 불려왔던 이름은 '수리봉'이라 한다. 서쪽에서 보았을 때 봉우리가 독수리가 나는 것처럼 보여 그리 붙였다 하는데, 산 아래에는 수리초등학교도 있다.

만나
다

인수봉, 한강 등이 펼쳐졌다.

　　산을 내려온 후 길을 따라 동네를 돌았다. 생각 없이 큰길을 따라 언덕을 넘어가니 산 위에서 흉물스럽게 내려다보이던 은평뉴타운아파트가 나왔다. 머릿속으로 불광1·2동 근방의 마을 모습들과 은평뉴타운아파트 근방을 비교해보았다. 아기자기함과 대형화, 생태와 개발, 마을과 건물이라는 대조되는 상이 떠올랐다.

　　두 번째로 인상적인 것은 마을로 들어오는 길 입구부터 늘어서 있는 음식점이었다. 둘레길 탐방객과 등산객을 대상으로 한 곳이었다. 음식점들이 조금 더 깔끔해지고 단정해진다면 마을이 얼마나 예쁠까 하는 생각이 들었다.

1 동네 입구에 들어서자 수묵화 같은 풍경이 눈에 들어온다.
2, 3 족두리봉 가는 길에 내려다본 은평 일대.
4 북한산이 품은 집,구름정원사람들.

만나
다

만남

◦   이렇게 무작위로 사람들을 만나는 건 처음이네? 인성이야 다 거기서 거기겠지만 궁금해. 같이 집을 짓고 살 사람들이라 더 그런 모양이다.

　이런저런 생각을 하며 약속장소로 들어섰다. 먼저 온 사람들에게 가볍게 목례하며 자리를 잡았다. L과 K를 빼고는 모두들 처음 보는 얼굴이라 맨송맨송했다.

　"제 옆의 분부터 각자 자기소개도 하고 어떤 생각으로 이 집을 짓고자 오게 되었는지 말씀들 해보시지요."

　보리차 한 잔을 비웠을 무렵, 하우징쿱 이사장이 입을 열었다.

　"네, 저는 N이라고 합니다. 신문 기사 보고 오게 되었습니다."

　이사장 옆의 N이 그 말 한 마디를 하고는 입을 다물었다. 긴장감이 돌던 좌석에 폭소가 터졌다. 여느 곳과 하나 다를 바 없는 소개 분위기에 나도 나사가 풀린 듯 웃어댔다.

　"저희 집은 아이 군대 보내고 난 후 노후생활을 제대로 해보고 싶어서 오게 되었습니다. 이웃 사람과 함께 텃밭을 가꾸면서 즐겁게 살고 싶습니다. 직업은 병원 직원입니다."

　O가 제대로 소개의 말을 이었다. 다음에는 K가 아직 웃음을 물고 있는 사람들을 둘러보았다.

　"저는 무엇보다 뒷산이 있다는 게, 그것도 북한산이라는 게 정

만나
다

말 좋습니다. 맑은 공기 마시면서 텃밭을 함께 일구면 좋겠습니다.”

“저희 집은 아파트 생활을 10년 넘게 했는데요. 문 딱 닫으면 고립되는 아파트 생활, 그것도 공중에 떠서 사는 생활에 질렸습니다. 무엇보다 땅을 가까이할 수 있다는 게 좋습니다. 비가 올 때면 비 오는 소리도 가까이서 듣고 눈이 오면 눈 오는 것도 가까이서 보고 싶습니다.”

“저는 상가의 임대수익이 노후에 보탬이 될 수 있다는 게 정말 좋습니다. 어차피 앞으로 한 식구가 될 것이기 때문에 말씀드리겠습니다. 저는 이혼을 했어요. 아이를 데리고 살고 있는데 직장이 있긴 하지만 한 푼이라도 경제에 보탬이 되면 좋겠어요. 그리고 고향이 시골인데 고향에 살 때처럼 툭 트인 하늘도 보고 나무도 보고 좋은 공기도 마시면서 생활하고 싶습니다. 그래서 오게 되었습니다.”

이야기가 무르익었다. 웃음소리도 자주 터져나왔다. 우리 부부보다 두 달 먼저 모이기 시작한 사람들도 있고 우리처럼 처음 자리에 나온 이들도 있었다. 모두들 선한 얼굴이었다. 또 몇몇 가구는 이미 집터 뒤의 족두리봉도 다녀왔다고 했다. 우리 집만 흥분해 있는 게 아닌 듯했다.

“저는 50세가 넘으면서 이제는 돈만 벌지 말고 사회적으로 의미 있는 일을 해보자고 생각했습니다. 그래서 2010년부터 사람들과 공부를 하게 되었고, 2013년 6월에는 주거운동 단체인 하우징쿱을 설립하게 되었습니다. 그 첫 시범사업으로 불광동주택을 하게 된 것이지요. 첫 사업이라 믿을만한 시공사가 필요한 관계로 시공은 제가 맡고 있는 건설사에서 하게 될 것입니다. 물론 이익은 최소한만 남길 것이고요. 모든 것은 투명하게 공개할 것입니다. 집을 지어놓으면 몇 년 되지 않아 문제가 생기고 그것을 수리하는 비용이 많이 드는데요. 저희는 되도록 이런 비용을 들이지 않고 오래 쓸 수 있는 집, 가급적이면 난방비가 들지 않는 집을 짓는 데 최선을 다하도록 하겠습니다."

20년 넘게 건설업계에서 일했고 지금도 건설업을 하고 있는 하우징쿱 이사장도 자기소개와 더불어 시공과 관련된 얘기를 잠깐 했다. 나는 이야기를 들으며 계속 고개를 끄덕였다. 싼값에 땅을 내놓고 하우징쿱과 함께 협동조합으로 집을 짓자고 의기투합했다는 L에게도 고마운 일이었고, 안정된 주거를 마련하고자 하는 소시민들의 소망을 현실화시키려는 하우징쿱에도 무척이나 고마운 순간이었다. 그리고 거기에는 이미 설계비를 반밖에 받지 않고 설계와 감리를 해주기로 한 건축가도 참여하고 있었다. 하우징쿱의 건축분과 위원장이기도 한 그는 다음과 같이 말했다.

"새건축사협의회라는 단체가 있는데요, 거기에 작은 건설사지만 우수한 품질을 담보하는 건설사를 뽑는 '건축명장'이라는 제도가 있습니다. 이사장님이 운영하는 건설사가 여기에 추천된 적이 있는데요. 저에게 하우징쿱 일을 도와달라는 제안이 왔을 때, 저는 그것을 떠올렸습니다. 그렇게 우수한 건설사의 사장이 공공성을 담보하는 일에 관심을 가지고 있으니 도와야겠다고 생각하게 되었지요. 그리고 첫 사업이라 많이 고민하지 않고 설계를 맡게 되었습니다. 반갑

만나
다

습니다. 다들 설계에 관심이 많으실 텐데요. 보셨겠지만 우리 땅은 동서로 길쭉하게 생긴 못난 모양샙니다. 그래서 각 집의 층수와 호수는 제가 입주자 상황과 요구에 맞게 결정해서 설계해보도록 하겠습니다."

우리는 특별한 이의 없이 이사장과 건축가의 말을 따르기로 했다. 우리가 해야 할 일은 자신이 살고 싶은 집의 설계도를 그려보고 식구 수, 방의 용도, 희망사항 등을 적어 내는 것이었다. 땅과 건축가와 시공사가 이미 준비됐으니 어려운 문제는 없을 것 같아 보였다.

그때 A가 손을 번쩍 들었다.

"저는 산이 보이는 동향을 꼭 원합니다. 그게 아니면 정말 안 됩니다. 저는 대단히 개인주의적인 사람인데 만약 이것이 마음에 안 든다면 여러분이 저를 내치셔도 좋습니다."

산 쪽을 원한다고? 누구나 그것을 원할 것 같은데?

나는 느닷없는 A의 폭탄선언에 어떻게 대처해야 할지 몰라 난감해졌다. 자신의 욕망을 이렇듯 대놓고 얘기하는 사람이 있을 줄 생각도 못했던 터다. 첫 만남이었기 때문일까? 나를 비롯해 A의 말에 뭐라 반론을 제기하는 사람은 아무도 없었다.

설계질의서를 작성하다

○   "복층을 원해, 단층을 원해?"

설계질의서를 앞에 놓은 남편이 물었다.

"당연히 복층이지. 복층에다 내 작업실을 따로 분리해야지. 그렇지 않아도 작업실을 따로 얻네 어쩌네 하는 판인데."

고민할 것 없이 바로 대답했다. 실은 작업실을 따로 얻는다 해도 복층 집에서 살고 싶은 욕구가 강했다. 층계를 통해 아래층과는 전혀 다른 공간으로 들어갈 수 있다는 매혹 때문이었다.

"나도 복층을 원해. 그 대신 복층은 날 주고 문도 따로 내줘. 완전히 독립되게 해서 난 그쪽으로만 드나들 거야."

그때 옆에 있던 딸이 끼어들었다.

"그럼 엄마 작업실은 어쩌고. 안 돼!"

"싫어, 내가 복층 쓸 거란 말이야!"

딸이 떼를 쓰는 아이처럼 제 주장을 다시 했다. 내 입장을 확실히 밝히지 않으면 안 되겠다고 판단한 나는 애의 태도에 일그러져가던 얼굴을 폈다. 깊은 고민 없이 던졌을지도 모를 말에 휘말려 괜한 싸움을 할 까닭은 없어서였다.

"알았다. 그럼 네가 복층 써라. 엄만 작업실 따로 얻을게."

"왜 쓸데없이 돈을 쓰는데?"

조금이라도 돈을 낭비한다 싶으면 참지 못하는 딸이 언성을 버

29

만나
다

럭 높였다. 나는 그런 딸을 제압하려고 배는 더 큰 목청으로 말했다.

"그럼 어쩌라고! 방법이 없잖아, 방법이. 누가 뭐라던 엄마 작업실은 살림하는 곳과는 분리되어야 해."

"그러게 누가 넓은 데 두고 그렇게 좁은 곳으로 이사를 가래?"

"이게 정말……."

나는 기어코 눈을 부릅떴다. 간신히 참았던 화가 터질 것만 같았다. 딸도 뭐? 하는 눈길로 나를 바라봤다. 금방이라도 불꽃이 활활 타오를 것만 같은 우리 둘 사이에 소방수처럼 나선 남편이 물을 뿌려댔다.

"어쨌든…… 방은 세 개가 돼야겠지?"

딸은 입을 삐죽거리고 있었고 나는 여전히 화가 가시지 않은 얼굴로 대답했다.

"건축가 샘이 아무리 방 두 개를 얘기해도 애방, 안방, 작업실이 필요하니 당연하지."

"맞아. 방은 잠만 자는 거나 진배없으니 작아도 상관없잖아?"

"응."

이렇게 해서 우리는 방 세 개에 복층집을 결정했다. 딸방과 안방에는 붙박이장을 설치해달라고 했다. 유리창을 평균보다 더 크게 만들어서 자연이 집 안으로 들어오게 만드는 효과를 누렸으면 한다고도 덧붙였다. 그뿐인가? 집의 방향은 절대적으로 산이나 소나무숲 쪽을 원한다고 했다. 과연 얼마나 이루어질 수 있을까?

나아갈 길을 모색하다

"A샘은 왜 안 왔어요?"

A가 보이지 않아 하우징쿱 사무국장에게 물었다.

"저기 그게……."

사무국장이 즉답을 피했다.

"왜요?"

다시 묻자 그제야 사무국장이 더듬더듬 대답했다.

"이사장님이 오지 말라고 하셨습니다. 3층이 아니면 안 된다고 말씀하셔서요."

"산 쪽이 아니면 안 된다고 했었는데, 이번에는 3층이 아니면 안 된다고 했다고요?"

"네."

J가 이야기를 듣다 말고 나섰다.

"그걸 왜 이사장님이 오라 마라 하십니까? 우리가 결정할 문제 아닌가요?"

그렇지. 우리가 결정할 문제지. 협동조합으로 집을 짓는 건데. 우리가 함께 살 사람인데. 그걸 왜 하우징쿱이 결정하지?

나는 이맛살을 찌푸렸다. 겨우 서너 번 얼굴을 본 사이였지만 하우징쿱에 대해 처음으로 환상이 깨지는 순간이었다. 또한 협동조합으로 집을 짓는 데 있어서 하우징쿱의 역할과 우리 조합원 모임의 역

31

할, 하우징쿱과 우리 조합원 모임의 관계에 대해 심도 깊게 생각하게
된 계기이기도 했다.

회의가 끝나자 이사장이 각 가정의 자금상담을 시작했다. 차례를
기다리는 동안 우리는 기왕에 나온 얘기인 A 문제를 자연스럽게 의
논하게 되었다.

"그럼 A의 의견에 대해서 어떻게 생각하는지 얘기들 좀 해보도
록 하지요."

서로 미루다가 임시 사회를 맡게 된 내가 운을 떼었다.

"글쎄요. 자기 입장이 관철되지 않으면 안 하겠다는 것이어서 곤
란하지 않나 싶어요. 비상식적이네요. 여긴 여러 명이 함께하는 곳
인데 말이에요."

N-1이 제일 먼저 입장을 밝혔다. 그 옆의 J도 의견을 이어갔다.

"지금 현재로서는 다들 산 쪽 아니면 소나무숲 쪽을 원하고 있잖
아요. 지하층과 1층에 음식점이 들어오면 냄새 올라올 게 걱정돼서
2층은 꺼리고요. 그러니 그 가구의 의견만 받아줄 수는 없는 것 같
아요."

"그러게요. 처음부터 그러니 앞으로의 일도 걱정이네요. 때때마
다 이것이 아니면 안 된다, 안 한다 그러면 어떡해요?"

같은 입주자가 사회를 보는 까닭인지 사람들이 활발하게 이야기
를 이어나갔다. 분위기도 화기애애한 것이 더없이 좋았다. 바로 이
거지 싶어진 나는 의견 개진하는 이들의 얼굴을 돌아가며 바라보았
다. 뿌듯해졌다.

차례가 된 L이 신중한 표정을 지었다. A가 문제는 있지만 서로 잘 얘기해서 풀어나가는 방향으로 해야 되지 않겠느냐고 했다. 앞으로의 일이 걱정이라던 I-1이 이내 L에게 반박을 하듯 했다. 애들도 아니고 나이 마흔 줄에 있는 사람인데 그게 그리 쉽겠냐는 것이었다.

M도 그 뒤를 이었다.

"한 가구를 위해서 모든 가구가 희생해야 한다는 식은 말이 안 되는 거 같아요. 만약 우리 중에 누가 입지 좋은 곳에 주택을 갖게 됐는데 A가구가 그 집이 맘에 드니 내놓으라고 하면 어쩔 건가요. 모두들 내놓을 각오가 돼 있나요?"

M의 말에 잠시 침묵이 이어졌다.

저는 그렇게 못 할 것 같은데요?

나는 속으로만 M에게 대답했다. 다시 여러 사람의 말이 더 나왔지만 대부분은 A가구를 본인 말대로 제외시킬 수밖에 없겠다는 얘기였다.

두 번째로 우리가 의논한 것은 하우징쿱과 조합원 모임의 역할이었다. 이미 이야기가 나온 것처럼 A의 문제는 우리가 결정할 일이지 하우징쿱이 결정할 일은 아니라는 것으로 의견을 모았다. 따라서 조합원에 관한 한 하우징쿱은 오는 사람을 상담해서 조합원 모임에 연결하는 것에 한하고 그 외의 일들은 조합원 모임에서 결정하기로 했다.

세 번째는 모임이 하우징쿱의 도움을 받기는 하되 조합원 중심으로 흘러가야 한다는 것이었다. 이를 위해 협동조합도 바로 만들고 다

음 모임부터는 사회도 우리가 보자고 결의했다. 조직을 두고 모임을
스스로 이끌어야 제 목소리를 내기 쉽다고 믿었기 때문이다.

입주신청 확인 계약서

○ L이 소주를 벌컥 들이켰다.

"얼른 땅을 사야 돼요. 땅을 사야 뭐를 하든 하죠."

"그렇죠."

회의가 끝나고 뒤풀이 자리에 모인 K, 나, M, 사무국장이 고개
를 끄덕였다.

"잘못하면 형제들끼리 칼부림 나겠어요. 강남에서 시가보다 비싸
게 주고 사겠다고 왔었거든요. 그러니까 오밤중도 마다하지 않고 매
일 전화들을 해서는 왜 그런 데다 안 팔고 다른 데다 싸게 팔겠다는
거냐고 난리예요."

사람들의 눈이 휘둥그레졌다.

형제들끼리 칼부림이 난다고? 땅이 전부 L의 것이 아니었어?

내 머릿속에서는 그 생각이 스쳤다.

L이 다시 소주를 들이켜며 괴롭다는 표정을 지었다.

"중간에서 제가 아주 죽을 노릇이에요. 하루 이틀도 아니고……

그러니 얼른 해결이 돼야 해요. 견디질 못하겠어요. 내가 지분이 많으니 그렇지 진짜, 아이고 머리 아파."

이러다가 정말 땅이 강남 사람한테 넘어가는 거 아냐?

계속되는 L의 절실한 말에 나는 조금 전 의문을 까맣게 잊었다. 송림 수려한 산 밑 땅에 집을 짓겠다는 꿈이 물거품 되는 게 아닌가 싶어서 마음마저 급해졌다. 만약 그런 일이 생긴다면 닭 쫓던 개 지붕 쳐다보는 격이 될 것이기 때문이었다.

"샘, 그래도 조금만 더 참아주세요."

M이 L의 손을 잡으며 말했다.

"그래요, 샘. 조금만 참아주세요. 우리가 있잖아요. 곧 어떻게 해야죠."

나도 얼른 L을 위로하듯 했다. 아직 일의 주도성을 갖지 못한 우리가 L에게 할 수 있는 말은 그것뿐이었다. 그리고 다른 의미에서 참으로 답답한 건 우리도 마찬가지였다. 두 달 가까이 모임을 하고 있었지만 하우징쿱에서 연 세미나에 참석한다든지 하면서 뜬구름 잡는 식의 이야기만 되어질 뿐 실제 우리 집을 짓기 위해 진행되는 일은 거의 없었기 때문이다. 하우징쿱 세미나에 가기 위해 모이는 건지 집을 짓기 위해 모이는 건지 알 수 없을 지경이었다.

땅을 사야 한다는 이야기가 두어 번 오간 후였다.

"집 짓겠다는 정식 계약을 맺기 전에, 500만 원이라도 내서 가계약 식으로 계약한 후 모임을 계속 진행하는 건 어떨까요?"

하우징쿱 이사장이 우리에게 제안을 했다.

만나
다

그 순간 나는 돌아가지 않던 머리를 쳤다. 집을 사려고 해도 정식 계약을 맺기 전 종종 가계약을 맺곤 하는 법이었다. 집을 짓는 데 있어서도 마찬가지였다. 더구나 우리는 여덟 가구가 함께하는 일이었다. 무엇인가 우리를 서로 묶어줄 장치가 필요했다. 사람의 마음을 주머니 뒤집듯 뒤집어 볼 수도 없는 것이니 이럴 때 가장 확실한 것은 돈이었다.

"500만 원은 너무 약합니다. 어차피 두어 달 후쯤이면 정식 계약을 한다고 하니 1,000만 원으로 합시다. 집 짓는 것을 확실히 한다는 우리의 마음이니까요."

내가 얼른 나서서 말했다. 사람들 역시 좋다고 했다. 다음번 모임에는 '입주신청 확인 계약서'를 쓰고 모이기 전에는 1,000만 원씩 입금을 하기로 했다. 또한 계약은 하우징쿱과 개별적으로 맺고 돈 역시 하우징쿱에서 관리하기로 했다.

주택 이름을 지어봐요

하우징쿱 사무국장의 제안으로 휴대전화에서 서로의 이야기와 자료를 나눌 수 있는 밴드를 만들기로 했다. 그리고 이 밴드에서 처음으로 한 일은 주택 이름을 짓는 것이었다.

"북한산둘레길 중 우리 집이 지어질 구간은 8구간인 '구름정원길'입니다. 그중에서도 정중앙이에요. 그런데 그 길 이름이 참 예쁜 것 같아서 저는 '구름정원공동체'를 제안합니다."

나는 L의 설명을 들으며 미소 지었다. '구름정원길'에서 딴 '구름정원'은 지난번 뒤풀이 자리에서 내가 예쁘다며 제안한 것이기 때문이었다. 그러나 공동체라는 뒷말은 걸렸다. 좀 더 부드럽고 사람들에게 친근하게 다가갈 어휘는 없을까? 둘레길 8구간에 있는 여덟 가구의 집! 그 설명 속에 답이 있을 것 같았다.

"공동체라는 말보다는 마을이라는 표현이 어울리지 않을까요? 구름정원마을! 상가 운영이라는 선전 전략에서 둘레길 명소 또는 가볼만한 8구간 공동체마을 하는 식으로 말이에요."

역시 뒷말이 걸리는지 M이 '마을'을 들고 나왔다. 그러자 L이 바로 이의를 제기했다. 마을은 여러 공동체 단위가 모여 하나를 이루는 형태이므로 공동체라는 용어가 올바른 것 같다는 얘기였다.

그것도 말이 되네?

L의 설명을 들으며 나는 고개를 끄덕였다. 그럼에도 L이 주장하는 공동체는 아닌 것 같았다. 다시 8구간과 여덟 가구에 대해 생각했다. 8이라 8, 하고 중얼거리는데 문득 숫자 8을 뉘어놓으면 무한대 표시가 된다는 사실이 퍼뜩 떠올랐다.

K가 빙그레 웃었다.

"두 분 의견이 재미있네요. 제 생각은요, 일단 공동체라는 말은 너무 튀는 거 같아요. 근데 단어가 잘 떠오르지 않네요. 국어 선생님

만나
다

과 논술 선생님은 의견 좀 말씀해보세요."

생각 중인지 K에게 요청을 받은 I-1과 O-1이 조용했다. 대신 내가 먼저 말을 꺼냈다.

"공동체라는 어휘를 붙이는 것에 대해서는 저도 반대를 하는데요. '마을'을 붙이는 것도 반대합니다. 왜냐면 전통적으로 마을은 범위가 크고 또 우리가 들어갈 동네의 전체 마을을 생각할 때 자칫 우리끼리 노는 곳이란 인상을 줄 듯도 싶거든요. 그리고 제 생각은 '구름정원의 집 8+8'입니다. 구름정원둘레길 8구간에 있는 여덟 가구의 집이란 뜻입니다. 더 나아가 숫자 8을 뉘어놓으면 무한대 표시가 되는데 생태를 지향하고 마을공동체를 생각하는 우리의 꿈을 무한대로 키우고자 한다는 의미도 될 것 같아서요."

이번에는 N이 나섰다.

"'구름정원사람들'은 어떨까요? 공동체나 마을은 조금 딱딱한 것 같고 '사람들'은 함께, 공동으로 산다는 뜻을 가지니까요."

구름정원사람들?

N의 말을 들은 나는 눈을 반짝였다. 지금껏 나온 의견들 중에는 가장 신선하고 마음에 들었다. 그에 비하면 내가 낸 안은 대단히 관념적이었다. 아무도 '구름정원의 집 8+8'을 보고 생태나 마을공동체나 무한대를 생각할 것 같지 않았다.

"그러면 '구름정원협동조합'은 어떤가요?"

L이 다시 나섰다. 답답했던지 M도 바로 나서서 자기주장을 되풀이했다.

"결국 뒷부분은 마을, 공동체, 사람, 조합, 집 등등일 텐데 제 생각은 변함없이 마을입니다. 마을에는 우리가 추구하는 것들이 담겨 있죠. 생태공동체적인 우리의 전통 이미지와 8구간의 대표적 명소로서 마을공동체라는 상징성 말이에요."

반복되는 그들의 말을 듣던 나도 다시금 이야기에 합류했다.

"저는 제 안을 철회하겠습니다. 여러 가지 어휘를 따지다보니 너무 관념적인 것 같아요. 그리고 N샘이 말씀하시는 '구름정원사람들'에 대해서 생각해봤는데요. 거기에 살을 좀 붙여서 '구름정원에 사는 사람들'이라고 하는 것도 괜찮을 것 같아요. 제가 말한 '집'보다는 공동체 느낌도 많이 나고 어떤 사람들이 살까 하는 호기심도 드는 것 같네요."

이렇게 분분한 논의를 거쳐 최종적으로 선택된 이름은 N이 제시한 '구름정원사람들_{이하 구름정원}'이었다. N의 말대로 사람들이란 말 속에는 이미 함께한다는 의미가 내포된 데다, 집 이름을 짓는 데 있어서 눈에 쉽게 들어오는 어휘의 간략함이 있기 때문이었다.

만나
다

설계도를 처음 보다

○　　　드디어 각 가구의 설계질의서를 바탕으로 한 가설계도가 나왔다. 모두들 잔뜩 긴장한 얼굴로 건축가 앞에 모여 앉았다.

　　"이곳은 땅이, 남쪽은 어디서나 볼 수 있는 집들의 연속이면서 시야가 막혀 있고 북동쪽은 완벽하게 시야가 열린 데다 풍림이 아주 좋습니다. 그래서 어느 집이든 북동쪽의 풍림을 똑같이 누리고 살 수 있게끔 하는 게 설계원칙입니다. 우리 집이 풍림을 본다면 저 집도 볼 수 있는 외부 환경을 갖는 것이죠. 똑같은 돈을 내고 똑같이 짓는 집에 그래야 분란이 일어나지 않을 테니까요. 두 번째는 전에 말씀 드렸듯 각 가구의 사정과 조건에 맞게 집을 정하는 것입니다. 편지로 보내주신 각각의 설계질의서에 기초해서 정한 집은 이렇습니다. 단층인 1호는 O가구인데, 우선 O가구의 경우는 대학생 아들과 부부가 사는 집입니다……."

　　O가 눈을 동그랗게 뜨고 설명을 들었다. 그 다음은 L, M, N가구가 그 다음으로는 J, I가구가 침을 삼키며 가설계도를 바라보았다. 어떤 이는 만족스러운 얼굴로 넘쳐나는 웃음을 감추기도 하고 어떤 이는 불만이 섞인 눈으로 자기 집 설계도에 관해 질문을 하기도 했다.

　　집으로 돌아온 남편과 나는 찬찬히 우리 집 설계도를 들여다보았다. 학교 다닐 때 외에는 크게 관심을 갖고 보거나 익히지 않았던 분야의 것이라 내 눈에는 설계도 자체가 쉽게 이해되어 들어오지 않았다.

"뭐야, 살림층이 북향이잖아?"

설계도를 들여다보던 남편이 인상을 잔뜩 찡그렸다.

"이쪽이 북쪽이야? 북향이면 좀 그렇긴 하지만 산 쪽은 아니어도 소나무숲 쪽이잖아. 우리가 원한다고 말했던 곳이야."

"아무리 풍경이 좋아도 살림층이 북향이면 곤란하지."

"난 괜찮은데?"

나는 경치가 좋은 것에 반해서 그리 말했다. 거실과 부엌, 방 두 개가 소나무 숲으로 온통 둘러싸여 있었다. 상상만으로도 솔바람이 코로 스며드는 것 같아 머릿속이 시원했다.

"이것들은 뭐지? 왜 이렇게 모양새가 들쭉날쭉해? 꼭 단층집을 다 설계하고 나서 자투리 공간으로 복층을 설계한 것 같은 느낌이네."

남편이 이내 또 눈을 휘둥그렇게 떴다.

"그러게. 그건 좀 그러네. 실제로 집을 지으면 어떨지 몰라도."

아무 짝에도 쓸모없는 것처럼 남아 있는 삐뚤삐뚤한 공간을 보며 나도 동의했다. 아무리 가설계도라지만 좀 심한 게 아닌가 싶었다.

"복층 또 하나도 그래. 우리 것이 제일 심하고. 안 좋은 위치는 다 복층이 된 것 같아."

"정말 그러네."

"이런 식이면 뭐 우리도 굳이 복층을 할 필요 없잖아?"

"왜 그렇게까지 앞서 나가고 그래? 우리 의견을 건축가 샘께 전달하면 되잖아. 그리고 문제 해결할 생각을 해야지."

41

이것이 가설계도를 보고 든 우리의 소감이었다. 회의 때 분위기로 보아 우리 집만의 문제는 아닐 거라는 생각이 들었다. 남편이 향이 불만이라면 어떤 집은 층수에 불만을 가질 수 있기 때문이었다. 한편으론 살림층이 북향이어도 나처럼 풍경에 반해 좋아할 집도 있을 것이었다. 그렇다면 어떻게 해야 이런 불만들을 해소할 수 있는 걸까? 그리고 너나없이 즐겁게 집짓기를 할 수 있을까? 건축가가 아무리 각 가정의 특수한 점, 관철되기 원하는 것을 중심으로 가구의 위치를 정한다 해도 이 문제는 조합원 사이에 끊임없는 불만과 질시와 갈등을 유발하는 원인이 될 것 같았다.

고민을 하던 우리는 모임에 이 문제를 제기했다. 의논 결과 건축가는 주어진 땅에 최대한 이상적인 모습으로 여덟 가구를 설계하는 데만 충실할 것을 요구하기로 했다. 또한 조합원들은 조합원들대로 층과 향 선택에 대해 다음과 같은 원칙을 정했다.

첫째, 복층은 각 층마다 공용 테라스를 둘 수 있는 형태인 세 세대를 둔다.

둘째, 복층은 복층대로 단층은 단층대로 모여 자신이 들어가고 싶은 입주 주택의 층과 방향에 대해 이유를 제시한다. 이에 대한 논의에서 그 이유가 수용된 가구를 제외하고 나머지 가구는 제비뽑기로 들어갈 집을 정한다.

이렇게 건축가나 조합원 간 원칙을 합의하고 나니 마음이 편해졌다. 이제는 어떤 모습의 집이 내 집이 되든 운명이려니 하고 받아들일 수 있을 것 같았다.

1 조합원들은 수시로 모여 모임의 역할과 원칙에 대해 의논했다.
2 집의 설계도를 처음으로 확인하던 날.

만나
다

세대 차이거나 관점 차이거나

한동안 잠잠하던 딸이 집이 지어질 곳을 다녀온 후 기가 막히다는 표정으로 우리를 바라봤다.

"도대체 왜 거기다 집을 짓는다고 그래? 완전히 귀신 나올 것처럼 시골구석인 데다 여름에는 모기도 많겠던데."

또 시작이구나 싶어진 나는 무표정하게 대답했다.

"모기 없대."

"모기가 왜 없어? 바로 산 밑인데."

"그 얘긴 그만하자."

내가 한 번 더 조용히 말했다. 시간이 지나도 평행선을 달리고 있으니 어떻게 해야 좋을지 몰라서였다. 딸은 작심한 듯 이내 또 '왜'를 들고 나왔다.

"왜? 왜 만날 엄마 아빠는 동네에 정도 들고 발전하려고만 하면 이사를 가는데? 여기 동네가 지금 엄청 개발되고 교통도 편해지잖아. 지금도 거기보다 여기서 서울에 다니는 게 더 낫단 말이야. 이사 안 가면 안 돼?"

집을 짓지 말자는 건데, 안 되지!

나는 펄쩍 뛰며 속으로만 말했다. 반은 항의고 반은 새로운 제 의견을 말하는 딸에게 남편이 대답했다.

"정 그렇게 불편하면 회사 근방에 방을 따로 얻든지."

그거 좋은 생각이다 싶어진 나는 얼른 딸의 얼굴을 바라보았다. 딸은 방학 때 고시원 방을 얻어서 지낸 적도 있었기 때문이다. 그러나 아이는 바로 얼굴이 빨개졌다.

"나가 살라고?"

그러거나 말거나 나는 중얼거리듯 말을 뱉었다.

"못할 건 뭐야. 방학 땐 고시원에서 살기도 했으면서."

나의 뒷말에 대꾸할 말이 없어졌는지 딸이 방바닥에 그림을 그려댔다. 그러다 한참 만에 손길을 멈추고는 나를 다시 애원하듯 바라봤다.

"엄마, 우리 그냥 여기서 살자니까."

"안 돼! 개발이 전부가 아니잖아. 엄마 아빠 네가 뭐라고 해도 우리가 집을 지으려는 곳처럼 자연이 살아 있는 곳이 좋아."

"아이고 내가 정말 어이가 없어서, 도대체 내가, 이해를 할 수 없어요!"

딸이 이번에는 친구에게라도 하듯 비아냥거리는 목소리를 했다. 속에서 불끈 덩어리가 올라왔다.

"엄마 아빠야말로 번쩍번쩍하는 곳만 좋아하는 너를 이해할 수 없다. 무엇보다 그곳은 엄마 아빠가 노후생활을 할 집이야. 네가 평생 살 집이 아니라고. 넌 나중에 네 맘에 들게 네가 살 집을 지으면 되잖아."

"그럼 나보고 정말 나가 살라는 얘기야?"

딸이 찬바람이 쌩하니 도는 얼굴로 되쏘았다. 잘못했다가는 자식을 쫓아낸 둘도 없는 나쁜 엄마가 될 것 같아서 나는 아까 했던 말만 다시 반복했다. 못할 건 뭐냐, 너도 성인인데 부모가 그걸 가지고 이래라 저래라 해야 하느냐는 얘기였다.

"흥, 나가 살라는 말이야. 결국 나보고 나가 살라는 말이라고!"

제 깐에는 대화를 시도하려고 집터까지 가보았던 딸이 또 단단히 화가 나서 우당탕거리며 제 방으로 들어가버렸다. 그런 아이의 뒷모습을 보며 우리는 한숨을 길게 쉬었다. 앞으로 몇 번이나 더 이런 언쟁을 해야 할까. 처음 생각했던 것과 달리 해결해야 할 어려움은 곳곳에 덫이 놓인 듯 숨어 있었다.

이상과 현실 사이

협동조합 정관을 정하고 입주신청 확인 계약서를 쓸 중요한 날이 되었다. 나가보니 A가구 말고도 세 가구나 더 나오지 않았다. 사무국장에게 어떻게 된 일이냐고 물었다.

"I가구는 교통사고가 났대요."

"네?"

모여 있던 네 가구가 동시에 깜짝 놀란 얼굴을 했다. 사무국장이 연이어서 더 설명을 했다.

"J가구는 자금이 모자라서 못 하게 되었고요. N가구는 일이 있다고 못 나오셨습니다."

"그럼 J가구는 확실히 빠지는 거고, I가구 교통사고는 어느 정도 상태래요?"

M이 불안한 얼굴로 물었다.

"병원에 있는 상탠데 MRI를 찍어봐야 안다고 하더라고요."

I가구가 걱정되면서도 나는 맥이 빠졌다. 큰일을 당했는데 앞으로 모임에 참석할 수 있을는지, N가구는 정말 일이 있어서 못 나온 건지, J가구는 돈 계산도 안 해보고 집을 짓겠다고 한 건지 싶어서였다. 실컷 논의만 하다 본격적으로 일 진행을 하려고 하니 빠지는 모양새들이었다.

집으로 돌아온 후 남편과 나는 심각하게 고민을 하기 시작했다. I가구는 앞으로 어떻게 할 생각인지, N가구는 무슨 일로 안 나온 것인지 근심이 되었기 때문이다. 최악의 경우에는 저녁 때 함께 협동조합 정관을 정하고 입주신청 확인 계약서를 쓴 네 가구만 남을 수 있다는 생각마저 들었다. 근심만 하지 말고 직접 통화를 해보기로 했다.

"제가 지금 운전 중이라서요. 나중에 전화하겠습니다."

I는 그 말만 하고 전화를 끊었다. 몇 시간이 지난 후에는 정말 전화를 걸어왔다. I-1이 입원을 한 것은 사실이지만 교통사고 후유증 때문이며 그의 반대로 입주하기 어렵게 되었다는 말이었다.

반면 처음부터 길게 통화할 수 있었던 N가구는 진짜 일이 있어서 못 나왔다고 했다. 이로써 두 가구가 더 빠져나간 셈이었다. 온전하게 남은 집은 다섯 가구뿐이었다. 불안해졌고 어려움을 하소연하던 L의 말도 떠올랐다.

얼마 뒤 회의 시간이었다. 지난번에 참석하지 않았던 N이 나왔다. 모두들 오랫동안 헤어졌던 이를 만난 양 반갑게 맞았다. 그런데 N은 심각한 얼굴로 사람들부터 둘러보았다.

"애가 외고에 갈지 몰라서요. 입주를 바로 하지 않고 전세를 두었으면 합니다. 그래도 입주가 가능한지 알고 싶습니다."

"그럼 3년인가요?"

아마도 그만두려고 그러는 것 같다는 생각을 하며 내가 물었다.

"아뇨. 둘째애도 있어서요."

그럼 6년? 일부러 기간을 길게 잡아 한번 물어본 것인데 아직 어린 둘째까지 끼워 넣다니!

나는 심란해져서 중얼거렸다. 그리 중요한 문제를 어떻게 지금껏 까맣게 잊었다가 계약할 때가 되니 생각났다는 것인지, 이런 식이면 A의 경우처럼 우리에게 처분을 맡긴다는 뜻인지 머릿속이 또다시 복잡해졌다.

"외고 가는 것이 언제 결정 나는데요?"

O가 물었다.

"한 달 있어야 됩니다."

"그럼 그때 다시 얘기하지요. 어떤 것도 결정 난 게 없잖아요."

그렇게 긴 장기 전세는 둘 수 없다, 그럼 어느 정도의 전세까지 가능하다는 거냐, 본인을 앞에 두고 왈가왈부하던 우리는 곧 O의 애

기대로 하기로 했다.

집으로 돌아오는 길, 남편과 나는 누가 시키지도 않은 고민을 또다시 한 짐 짊어졌다. 한숨이 푹푹 나왔다. 아무리 생각해보아도 집을 짓겠다는 확실한 마음을 알 수 있는 것은 돈을 냈느냐 안 냈느냐로 판가름 날 것 같았다.

오래지 않아 N가구도 그만두기로 했다. 애가 외고에 합격했다는 이유에서였다. 그 사이에 Q가구가 새로 합류했고 결국은 또 다섯 가구만 남았다. 3분의 2도 안 되는 집이 남았으니 모여서 무엇을 결정할 수도 없고 땅을 살 수도 없었다. 그래서 입주신청 확인 계약서를 쓰고 1,000만 원을 낸 가구가 모두 차면 다시 모이기로 했다. 이만저만 실망이 아니었다. 처음부터 그 절차를 밟은 사람들만 모였다면 겪지 않아도 되었을 일인지도 모른다는 생각이 들었다.

흔들리는 갈대

반이나 되는 네 가구가 그만두고 나니 처음에 들뜨고 흥분했던 내 마음도 이리저리 흔들리기 시작했다. 속으로 끝까지 가리라 가장 많이 믿었던 세 가구가 그만둔 터라 더욱 그랬다. 그럴 거면서 어찌 A가구는 우리와 맞지 않는 것 같다며 제외시키자고 목소리들을 높였는가, 하는 원망마저 들었다.

흔들의자에 앉아 베란다 창밖을 내다보았다. 시원하게 트인 눈앞 멀리 영종대교가 보이고 물이 넘실거리는 바다 모습이 그림 속의 것처럼 아련하게 내다보였다. 눈을 가까이 두니 가을빛이 화려하게 물든 넓은 공원과 운동장도 한적한 오후에 젖어 있었다. 바야흐로 11월이었다.

이 좋은 곳을 두고 왜…….

중얼거리며 자리에서 일어났다. 혼자서 꺼덕거리는 흔들의자를 뒤로 한 채 부엌으로 향했다. 부엌 베란다 창으로도 역시 가을을 품은 산이 창마다 가득 들어와 있었다. 한숨을 내쉬며 주전자의 물을 가스대에 올렸다.

도대체, 이곳을 두고 난 왜 서울로 가겠다는 거지?

중얼거리는데 남편이 다가왔다.

"무슨 고민 있어? 할머니처럼 뭘 그렇게 자꾸 웅얼대?"

"있잖아, 이렇게 좋은 집을 두고 우리는 왜 이사를 가려는 걸까?"

내가 심각하게 묻자 남편이 웃음을 크게 터뜨렸다.

"당신도 그 생각하고 있었어? 두고 보면 볼수록 이 집이 정말 좋구나 싶어지지? 콘도가 따로 없다니까."

"그러게. 거기 가면 좁기까지 할 텐데 걱정이야."

나의 말에 남편이 장난기 가신 얼굴로 물었다.

"그래도 아파트는 싫다며?"

"아파트는 싫지."

"그럼 됐지 뭐."

남편의 딱 떨어지는 말에도 나는 여전히 심란한 얼굴이 되어 혼잣말을 했다.

"그래도…… 이 집이 아파트라서 그렇지 이런 집 찾기 힘든데."

"그렇지…… 그럼 지금이라도 관둘까?"

"그럴 수는 없지. 우리까지 그렇게 나오면……."

나 먹기는 배부르고 남 주기는 어려운 심보인가. 사람들에게서 스트레스는 스트레스대로 받고 일은 일대로 잘 풀리지 않으니 자꾸 회의적인 생각이 들었다. 그러다가도 이곳 아파트에서 평생토록 산다고 생각하면 숨이 막혀오는 것이었다.

"애 말마따나 전철이 들어오니 교통도 더 편해질 텐데. 그리고 사실 웬만한 서울보다 서울 가기가 더 편한 위친데."

내가 다시금 아쉬운 마음을 토로하자 남편도 심각한 얼굴을 했다.

"집값도 오르겠지."

나는 아까의 남편처럼 웃음을 터뜨렸다. 우리가 언제 이렇게 속물이 다 되었나 싶어졌다. 애초에 이 집을 살 때에도 우리는 살 집으로 생각했지 투기 개념으로는 보지 않았다. 살 만큼 잘 살았으면 그것으로 족한 것 아닌가?

그렇게 갈대처럼 흔들리며 침울해 있던 중 사무국장에게서 연락이 왔다. 새로 주택을 하겠다는 가구 중 두 가구가 상가는 하지 않고 주택만 했으면 하는지라 의논이 필요하다는 것이었다. 어쨌든 여덟 가구는 다 찬 격이었다. 물 먹은 솜처럼 축 처져 있던 기분이 다시 살

51

만나
다

며시 들뜨기 시작했다.

여덟 가구, 드디어 모이다

○　　　새로 온 가구들이 속속 음식점으로 들어섰다.

"어서 오세요!"

우리는 희색이 만연한 얼굴로 그들을 맞았다. 정말로 반가웠다. 입주신청 확인 계약서를 쓰고 돈까지 냈으니 이들은 이제 우리 곁을 떠나지 않겠지 하는 막연한 믿음이 가슴에서 솟아올랐다. 아니, 후에 또 어떤 일을 겪을지라도 그 순간만큼은 그렇다고 믿고 싶었다. 겨우 여덟 가구이건만 돈과 뜻과 마음을 맞춘 여덟 가구 모이기가 이렇게 힘든 줄은 미처 몰랐던 터다.

"상가는 그냥 상가가 아니고 협동조합으로 하는 것이기 때문에 어떤 집은 빠지고 어떤 집은 한다면 모양새가 이상할 것 같습니다."

"상가가 잘될지 안 될지는 저희들도 모르겠습니다. 일단 여러 사람이 모여서 지역 조건에 맞는 사업을 함께 구상한다면 잘되지 않겠습니까? 그렇게 생각하고 함께하시지요."

다섯 가구가 돌아가며 한 마디씩 했다. 새로 온 세 가구가 고개를 끄덕였다. 그중 한 가구인 P도 스스로 나서서 자기 입장을 설명했다.

"저야말로 자금이 넉넉한 사람은 아닙니다. 하지만 집을 짓는 데 참여하기로 했고, 그래서 상가를 해야 한다는 것을 받아들였습니다. 또 상가에서 다만 얼마라도 나올 것을 생각하면 설레기도 합니다. 도움이 되면 됐지 해가 되지는 않으리라 생각합니다. 상가가 생기면 우리 여덟 가구가 이용하는 것만 해도 꽤 되지 않겠습니까?"

고민을 한다던 두 가구가 이번에도 고개를 주억거렸다. 오랜 시간이 지나지 않아 경제적인 이유로, 상가가 잘될까 하는 염려에서 의논을 요청했던 두 가구는 여섯 가구의 의견을 받아들이기로 했다. 기존의 다섯 가구들은 두 가구가 응낙하자 이제야 여덟 가구가 다 모였다며 큰소리로 떠들어대기 시작했다.

"여러분, 이제 우리가 한 식구가 되었으니 모두들 잔을 높이 듭시다. 만남의 건배를 해야지요!"

사회를 보던 나도 흥분하여 벌떡 일어나 외쳤다.

빈 잔에 막걸리를 따르고 자신들도 모르는 새에 정말 잔을 높이 든 사람들이 건배를 외쳤다. 음식점 안이 쩡 울렸다. 사진을 찍어야 한다며 음식점 주인을 부르고 다시 건배할 때는 모두의 얼굴에 우스워서도 웃고 기뻐서도 웃는 웃음이 강물처럼 흘렀다.

음식점에서의 저녁식사가 끝나자 환영식 겸 여덟 가구 전체가 다 모인 기념 뒤풀이 행사가 이어졌다. 처음 여덟 가구가 모였을 때처럼 서로 인사하는 시간도 빠지지 않았다.

"협동조합으로 집을 짓는다고 해서 왔고요. 기대가 정말 큽니다. 우리 부부는 결혼이 너무 늦어서 어서 아이를 낳는 것이 중요한 목

만나
다

표입니다."

"저는 숲으로 둘러싸인 환경이 너무 좋아서 왔습니다. 아이는 셋
입니다."

"저는 텃밭을 할 수 있다는 게 제일 맘에 듭니다. 시골이 아닌 서
울에서도 그런 삶을 살 수 있다는 게 상상만 해도 행복합니다. 솔향
물씬 나는 집터도 가봤는데요. 서울에도 이런 곳이 있구나 하고 놀랐
습니다. 모든 게 더할 나위 없이 좋습니다."

다시 모이게 된 사람들의 나이는 평균 49세로 직업이 실로 다양
했다. 실버사업 대표, 출판사 대표, 마을공동체 사업단장, 수학 선생
님, 논술 선생님, 국어 선생님, 목사, 병원 직원, 소설가, 주부, 의사,
초등학교 선생님 등이었다.

"우선 이 자리에서 먼저 의논할 게 있습니다. 이제 본격적으로 집
짓는 것과 관련된 일들을 시작하게 될 텐데요. 우리의 코디네이터를
지난번에 관둔 J로 하면 어떨까요? 지금은 관뒀지만 하우징쿱의 이
사이기도 했고 비록 협동조합은 아니지만 조합으로 집을 지어본 경
험도 있는 분이니까요."

인사가 끝나자 그동안 우리끼리 이야기되던 코디네이터 문제에
대해 L이 말을 꺼냈다.

"J요? 돈이 부족해서 관뒀다는 J 말이지요?"

K가 물었다.

"네."

"물론 코디네이터는 제3자가 할 수도 있는데요. 하우징쿱이나 구

름정원에도 사람이 있는데 굳이 그분을 우리의 코디네이터로 정할 필요가 있을까요?"

K의 말에 내가 바로 뒤를 이었다.

"동감입니다. 그리고 사무국장님이 그동안 함께해왔으니 사무국장님을 우리의 코디네이터로 하는 것도 좋을 것 같습니다."

이야기 중에 새로 온 P가 손을 들었다. 코디네이터가 뭐냐고 물었다. 사무국장이 나서서 친절하게 설명해주었다.

"조합원들을 대표해서 조합원의 요구를 하우징쿱 · 건축가 · 시공사에 전달하고 여러 가지 주택 건설 진행 과정을 확인하는 사람입니다."

나는 그런 사무국장을 향해 코디네이터에 관한 그의 의견을 물었다.

"그럼 사무국장님은 구름정원의 코디네이터를 맡는 것에 대해 어떻게 생각하시나요?"

"하우징쿱의 첫 사업이고 그래서 꼭 제가 아니더라도 하우징쿱에서 하는 것도 괜찮을 것 같다는 생각입니다."

"그렇다면 사무국장님이 그대로 하시죠. 여태까지 호흡을 맞춰와서 우린 사무국장님이 편하고 좋습니다."

"네, 그렇게 하시지요."

기존 조합원들이 모두들 동의하니 새로 온 조합원들도 그러자고 했다. 사무국장도 이를 받아들였고, 여덟 가구가 처음 모인 자리에서 조합원 모임을 대표하는 코디네이터는 하우징쿱의 사무국장이 맡

만나
다

기로 했다.

이야기가 매듭지어지자 이번에도 새로 온 R이 손을 들었다.

"아까 PM계약을 맺어야 한다고 하던데 PM은 무엇인가요?"

사무국장이 연이어 대답했다.

"PM은 프로젝트 매니지먼트Project Management의 약자인데요. 구름
정원협동조합의 대행업체인 하우징쿱을 말합니다. 주택을 짓는 데
있어서 일정·예산·보고·정보 등을 제공하는 일을 맡게 되고요."

"사무국장님은 그럼 하우징쿱의 PM 역할도 하고 구름정원의 코
디네이터 역할도 하게 되는 건가요?"

"맞습니다."

이야기를 듣던 R과 새로 온 사람들이 이제야 이해된다는 표정
을 지었다.

2주 후 토지매매계약을 비롯 PM, 설계, 시공계약 및 추가계약금
까지 내기로 의논을 마친 우리는 또다시 한껏 들떴다. 자축의 자리
를 더 이어가기 위하여 노래방으로 향했다. 비까지 부슬부슬 내렸지
만 개의치 않았다. 1차 여덟 가구가 모였을 때와는 격이 완전히 다
른, 스스로의 발로 서서 서로를 위로하고 기쁨을 나눌 수 있던 즐거
운 자리였다.

"이제는 우리 집이 된 3호. 3호는 살림층에 부엌과 거실,
방 한 칸이 있고 앞서 말했듯 복층에 방 두 칸이 이어져 있었다.
전혀 상상하지 않았던 구조였기 때문에 이것을 어떻게
우리에게 맞게 쓸 것인가가 큰 관건이었다.
발상의 전환이 필요했다."

시작
하다

2

소행주를 방문하다

○　　　소행주[4] 3호 주택 공개행사가 있었다. 협동조합은 아니지만 이곳
도 설계를 입주자 개개인이 한 곳이어서 그 내용이 무척 궁금했다. 주
택에 도착해보니 함께 가보기로 약속한 L과 Q도 와 있었다.

　　　소행주 3호는 우선, 엘리베이터를 타지 않는 경우 1층에서 신발
을 벗고 계단으로 올라가게 설계되어 있었다. 각 집의 현관 앞은 마
루를 깔아 이어놓았다. 또한 엘리베이터 양 옆에는 천장까지 닿는 신
발장 및 수납장도 들어서 있었다.

　　　"좀 낯설다!"

　　　내가 계단에 오르는 남편을 돌아보았다.

　　　"그러게."

　　　남편이 대답했다.

　　　실내에 들어서기 이전부터 이렇듯 파격적인 이곳의 집 평수는
11, 13, 17평으로 작은 편이었다. 아마도 그래서 공간 활용을 극대화
할 생각을 했는지도 모르겠다는 판단이 들었다. 한편으론 복잡하고
답답하다는 느낌도 들었다. 단, 아이들에게는 계단이며 마루가 놀이
터가 되고 이것이 1층부터 4층까지 그대로 연결되니 천국이 따로 없
을 것 같았다.

　　　무언가를 열심히 적으며 돌아다니는 Q, 출발은 함
께했는데 저만치 앞서 가고 있는 L을 따라 한 집의 실

4) '소통이 있어 행복한 주택 만들기'의
준말. 소행주 3호는 서울시 마포구
성미산 자락에 있다.

60

내에 들어섰다. 가구들은 대부분 붙박이였다. 현관문을 열면 신발장이나 현관 대신 이런 가구들이 바로 늘어서며 집 안이 시작됐다. 역시 낯설기도 하고 아무 예고도 없이 옷을 훌렁 벗어젖히며 알몸을 내보이는 사람 같아 당황스럽기도 했다.

내가 부엌 맞은편에 만들어진 다락을 가리켰다.

"저것 좀 봐."

남편이 눈을 돌리다 말고 부엌 옆의 커다란 장난감집을 가리켰다.

"저건 또 어떻고."

둘 다 아이들을 위한 것이었다. 입가에 미소가 절로 배어나왔다. 다른 집에선 부엌 옆에 마루를 만들어놓아 부모가 일을 하는 동안 그곳에서 아이들이 놀기도 하고 숙제도 할 수 있게 해놓은 곳도 있었다.

창문도 아파트나 다세대주택과 달리 대개 작고 크기가 달랐다. 작은 창들을 통해 내다보이는 밖이 전혀 답답하지 않았고 밖의 모습도 다양하게 담을 수 있어서 오히려 아름다웠다. 그동안 왜 창은 커야 한다는 선입견에 사로잡혔던 걸까라는 의문이 들 정도였다.

베란다의 일부를 약간 높여 툇마루를 만든 집도 눈에 띄었는데 그것도 매력이었다. 차를 마시거나 간식을 먹으면서 마음의 여유를 가질 수 있는 좋은 공간이 될 것 같았다. 보통의 다세대주택에서는 발견하기 힘든 새로운 공간이었다. 개별 집들을 돌아다니며 본 것 중 가장 부러웠다.

어느 결에 보조를 맞춘 Q와 L, 우리 부부는 2층에 있는 공용방으로 내려왔다. 각 세대가 함께 식사도 하고 손님도 초대하는 등 다양

61

한 용도로 사용할 수 있는 공간이었다.

"꽤 넓은데요!"

"그러게요. 집은 좁지만 이런 곳이 있으니 큰 모임이나 행사를 얼마든지 치를 수 있겠어요."

"네, 좋은 생각이네요."

우리는 이구동성으로 입을 모았다. 소행주 3호에서 이런 귀한 공용 공간은 1층 현관 안의 자전거 보관대와 주차장 위의 야외 쉼터도 있었다. 이 역시 지금껏 우리가 알고 있던 다세대주택에서는 보기 힘든 공간들이었다.

Q, L과 함께 점심을 먹으면서도 소행주 3호의 여러 가지 개성 있는 집 설계는 머리를 떠나지 않았다. 과연 우리 집 설계를 어떻게 해야 할지, 함께 쓰는 공용 공간들은 어떤 것들을 두어야 할지 많은 생각들이 이어졌다. 막연하기만 하던 것이 구체성을 띠고 다가오는 것 같았다.

1 소행주 3호의 한 집 내부 모습. 창가에 만들어둔 툇마루가 인상적이다.
2 소행주 3호에는 아이들을 위한 공간이 많다.
3, 4 소행주 3호 집에 설치된 다락들.

시작
하다

공용 공간에 대한 논의

○ 간간이 얘기되던 공용 공간 이야기가 의제에 올랐다. 새로 온 R이 먼저 안을 냈다.

"4층에 20여 명이 들어갈 수 있는 모임방이 만들어지면 좋겠습니다. 회의도 하고 영화도 보고 손님도 치르고 놀 수도 있는 공간 말이에요."

나는 고개를 끄덕이며 R의 안에 보충 제안을 하는 Q를 바라보았다.

"좋은 의견입니다. 우리가 이 공간을 사용하지 않을 때는 조합원 개인 모임이나 모임방을 필요로 하는 사람들에게 개방하면 좋겠습니다. 쓰고 난 후 청소를 해주는 것과 실제 사용료만 받는 조건으로 해서요."

내 머릿속에서는 곧 테라스, 모임방, 주택7호, 주택8호, 복층방이 하나 있는 4층 설계도가 펼쳐졌다. 소행주에서 보았던 공용방보다 훨씬 여유 있는 장소가 될 것 같았다. 뜬금없이 오빠들이 쓰던 어린 시절의 큰 사랑방이 떠올랐다. 바깥마당과 연결되어 있어서 오빠들 또래의 동네 젊은이들이나 아버지 친구들, 때로는 동네에 초대되어 온 목수가 머물기도 하던 공간이었다.

"그 방을요. '사랑방'이라고 부르면 어떨까요?"

내가 미소를 지으며 제안했다. 사람들이 내 얼굴을 쳐다보며 마주 미소를 지었다.

"그 참 좋네요. 사랑스럽기도 하고."

"사랑방이란 말을 들으니 추억이 생각나요. 일이 있을 때면 친구 집 사랑방에 모이곤 했거든요."

"그럼 우리가 현대식 사랑방으로 만들지요, 뭐."

한 마디씩 하던 이들이 그러면 모임방을 지금 이 순간부터 아예 사랑방으로 부르자고 입을 모았다. 사랑방! 듣기만 해도 미소가 떠오르는, 우리가 알고 있는 이름 그대로 알찬 공간이 될 것 같았다.

P가 입을 열었다.

"세탁실 문젠데요. 빨래는 하루 세끼 밥 먹는 것처럼 하는 게 아니니까 4층에 공동세탁실도 두면 좋겠습니다. 그렇게 하면 각 가구의 공간도 그만큼 더 나와서 공간 활용도도 높아질 것 같아요."

4층에 그만한 공간이 나올 수 있나? 너무 번잡해지지 않을까? 세탁기는 집 안에 두면 어떨까?

내가 그 생각을 하는 사이 아직 어린아이 셋을 두고 있는 R-1이 손을 들었다.

"저희 집은 애들이 많아서 집에다 세탁실을 두려 합니다. 수시로 빨래를 할 수 있을 테니까요. 대신 공동세탁실이 만들어진다면 그곳에 건조기를 두면 좋겠습니다. 장마 때나 겨울에 빨래 말리기가 너무 힘들어요."

O-1이 P와 R-1의 의견에 절충안을 내놓았다. 집 안에 세탁기를 두더라도 이불과 같이 큰 빨래를 빨 수 있는 공동세탁실을 두면 좋

겠다는 얘기였다. 이어서 K도 동의했고 S-1도 좋다며 한 가지 의견을 더 보탰다. 세탁실에 손빨래를 할 수 있는 시설도 만들면 좋겠다는 것이었다.

"다들 공동세탁실 두는 것을 원하는군요? 큰 빨래를 위한 공동세탁기, 건조기, 손빨래 시설 다 좋습니다. 4층이 될지 다른 데가 될지 모르겠지만 그럼 이런 식으로 공동세탁실을 마련하는 것으로 결의하도록 하겠습니다."

나는 사람들의 이야기를 정리했다. 뒤를 이은 제안은 Q에게서 나왔다.

"1층에 작은 벤치와 수도 시설을 만들면 좋겠어요. 텃밭에서 돌아오다가 손도 씻고 신발의 흙도 털고 그러게요. 그렇지 않으면 엘리베이터나 계단이 지저분해질 것 같아요."

함께 살면서 텃밭농사를 짓기로 한 터라 1층에 벤치와 수도 시설을 만들자는 Q의 의견은 별다른 논란이나 첨삭 없이 그대로 통과되었다.

"1층 밖에 지붕이 있는 자전거 주차공간도 있으면 좋겠습니다."

밭에서 돌아오는 사람들, 쓰레기를 버린 사람들이 손발을 닦거나 벤치에 앉아 숨 돌리는 모습을 상상하고 있는데 이번에는 자전거를 다섯 대나 가지고 있다는 S가 새로운 제안을 했다.

"자전거 주차공간 대찬성입니다. 그런데 밖에다 두면 먼지도 많이 타고 분실 위험도 있을 것 같아요. 그러니 1층 현관 안이나 지하에다 만들도록 하지요."

L이 바로 말을 이었다. 소행주에서 건물 내부에 깔끔하게 정리된 자전거 보관대를 보았던 터라 나도 동의했다.

"찬성하고요. 그럼 이 건도 집집마다 자전거를 가지고 계시니 지하나 1층 현관 안에, 어쨌든 실내에 자전거 주차공간을 만들어달라고 요청하겠습니다."

이것으로 벌써 우리가 쓸 네 번째 공용 공간이 생겼다. 무엇이 더 있을까 생각하며 노트에 기록한 것을 훑었다. 이것만 해도 만들어지기만 한다면 매우 훌륭할 것 같았다. 이외에도 우리 건물에는 다른 다세대주택 어디에도 없는 공용테라스가 각 층마다 만들어질 예정이었기 때문이다. 소행주에서 아이들이 계단과 공용방과 자기 집 다락 등을 오가며 뛰어논다면 우리는 테라스와 사랑방과 1층 벤치 등을 오가며 이웃과 소통하게 될 것이었다.

"흡연 문제로 이웃 간 인상을 찌푸리는 일이 없으면 좋겠습니다. H샘이 제안한 대로 각 집에 흡연 공간을 두어 이 문제를 해결하면 어떨까요? 비흡연자 가구 같은 경우 이 공간을 다른 용도로 쓰면 그 또한 좋은 일일 테고요."

O가 이야기하며 신중한 얼굴로 사람들을 살폈다. 내가 말을 하고도 정작 나는 까맣게 잊고 있던 사안이었다. 새로 온 S가 이에 대해 이의를 제기했다.

"그 문제는 의논이 좀 필요한 것 같습니다. 그리고 흡연 공간을 둔다면 흡연 가구만 만들면 되지 않을까요?"

"그 집이 사정이 생겨서 이사 가게 됐을 때가 문제죠. 이사 가는

시작
하다

집에 흡연자가 오면 그때는 어떻게 하나요?"

"공간도 좁은데…… 그렇게 하기에는 공간 사용이 너무 소모적이지 않을까요? 차라리 흡연실을 4층 테라스로 정한다든지 하면 어떨까요."

O와 S 사이에 P가 스며들며 또 다른 제안을 했다. 그러자 이번에는 M이 반대했다.

"그건 흡연자의 입장에서 너무 시간 소모적입니다. 한 시간에 한 번씩 담배를 피우기 위해 4층까지 올라가야 한다는 거잖아요? 자기 집에서까지 그렇게 하고 살아야 하나 싶네요."

끝이 날 것 같지 않은 팽팽한 이야기에 나도 나섰다.

"그럼 어떻게 해야 하나요? 현실적으로 담배 연기 때문에 비흡연자들이 스트레스를 많이 받는 상황인데?"

한참 만에 R-1이 내 물음에 답이라도 하듯 입을 열었다.

"지금 사회에서 벌어지는 현상처럼 우리도 흡연자를 꼭 그렇게 몰아내는 방식으로 문제 해결을 하는 것이 과연 옳은 것일까요? 그래서 제안하는 건데요. 이 문제를 건축적 차원에서 해결할 수 있는지 먼저 건축가 샘께 여쭤보고 조언을 듣는 것으로 하면 좋겠습니다."

전혀 생각하지 못했던 R-1의 의견을 들으며 옳다구나 싶어진 내가 다시 얼른 나섰다.

"그거 좋은 생각이네요. 해결이 쉽게 날 것 같지 않으니 그렇게 하지요. 건축가 샘은 뭔가 창의적인 생각을 하실 수 있지 않을까요?"

사람들을 둘러보니 그 수밖에 더 있겠느냐 하는 표정들을 짓고 있었다. 나중에 흡연 문제에 관한 우리의 의견을 들은 건축가는 빙그레 웃었다. 다세대주택이나 아파트처럼 창을 일률적으로 내지 않는 것을 통해 문제 해결을 하겠노라고 답했다.

구름정원사람들
공용 공간 사랑방.

시작
하다

1, 2 구름정원사람들 공용 공간 사랑방.
3 구름정원사람들 공용 공간 보일러실.
4, 5 구름정원사람들 공용 공간 테라스.

사업의 위험?

○ 　전문가 검토가 끝나지 않았다며 계약과 관련된 문서가 일주일이 넘도록 나오지 않았다. 사무국장이 아무래도 이번 모임에는 토지매매계약만 하는 게 좋겠다며 회의 때 진행할 안건을 제시했다.

　그런데 토지매매계약에는 토지 소유자인 XX와 계약서를 작성한다고 돼 있었다. 나는 L이 지난번에 얘기했던 형제들과의 칼부림이라는 말이 떠올랐다. 그때서야 L과 그의 형제들이 단체로 보이는 XX의 회원이고 그중 L의 지분이 많다는 것으로구나, 이해했다.

　"토지 소유자가 L이 아니라 XX인가요, 아니면 L이 XX인가요?"

　Q가 XX를 사람이라 생각하고 물었다. R과 S-1도 그 질문을 하고 싶었노라고 했다.

　내가 이해하고 있는 내용이 정확한 것인지 알 수 없어서 나는 사무국장에게 XX가 정확히 누구인지 알려달라고 요청했다. 그리고 안건 중 신입 조합원 자금 상담이 먼저 이루어진 후 토지매매계약이 이루어져야 정상적인 수순이 아닐까 싶어서 밴드에 글을 올렸다.

　"사무국장님, 일부 신입 조합원이 이사장님과 자금 상담을 한 걸로 알고 있습니다. 다른 신입 조합원들도 회의 이전에 자금 상담을 끝낼 수 없을까요? 그런 후 회의 때는 전체 조합원들의 자금 내용을 공유한 후 토지계약을 하면 좋겠습니다."

　사무국장의 응답이 없었다. 바빠서 밴드에 들어올 시간이 없는 거려니 생각한 나는 우선 신입 조합원들의 상황이 어떤지 확인하기 시작했다.

"R샘, S샘 상담하셨지요?"

"네, 했습니다."

R이 대답했다.

"S샘도 이사장님을 만났다고 하니 상담하셨을 거고 Q샘은 자금 조달에 문제가 없으시니 상담이 형식적일 거고 남은 분은 P샘이네요. P샘, 샘도 얼른 찾아뵙고 상담하세요. 그래야 회의 때 일도 줄고 우리가 궁금해하는 이야기들을 가능한 한 많이 들을 수 있을 테니까요."

내가 신입 조합원들의 상황을 정리하자 S가 나왔다.

"저희는 포럼에 갔다가 이사장님을 만나뵈어서 상담할 시간이 없었습니다. 그리고 저희는 자금을 자체 조달할 것이기 때문에 이사장님과 전화 통화만 해도 될 것 같습니다."

"그래요? 우와, 아무 걱정 없는 집이 세 집이나 되네요?"

S의 말을 듣고 부러워진 내가 탄성을 질렀다. R이 킬킬거리며 걱정 있는 집이 두 집밖에 안 되는 게 아니냐고 물었다. 걱정 있는 가구를 꼽으면 R의 말이 맞지만 내가 한 얘기는 가지고 있는 돈만으로도 집을 지을 수 있는 가구를 따져본 것이었다. 그 설명을 하려는데 S가 먼저 입을 열었다.

"그러게요. 아무리 봐도 사업 위험이 너무 커요."

이게 무슨 말이야?

중얼거리던 내가 얼른 설명을 했다.

"아무 걱정 없다는 뜻은 대출 같은 거 안 받고도 해결되는 집을 말해요. 저희 집은 대출은 받지만 집이 팔리든지 전세로 나가든지 하면 문제없고요. 다른 분들도 저희 집과 비슷한 상황이니 걱정 마세요."

사업 위험이 너무 크다는 말을 하고 빠진 S가 얼마 지나지 않아 장문의 글을 밴드에 올렸다. 건축주인 조합원만큼 위험을 감수하는 사람이 있겠는가, 밴드에서 오가는 발언으로 보아 조합원들은 아직 준비가 더 필요한 것 같다는 내용이었다.

웬 위험? 그리고 조합원들이 아직 준비가 더 필요한 것 같다니. 땅 소유자가 L이냐 XX냐 하는 물음 때문인가? 그래도 그렇지. 문서가 나오면 다 해결될 일을 가지고 표현이 좀 심하네.

나는 얼굴을 찡그리며 중얼거렸다.

토지계약을 미루자

○   S가 연이어서 밴드에 글을 올렸다. 토지매매계약은 아직 진행할 때가 아닌 것 같다, 따라서 추가 계약금도 약속한 날짜에 입금하지 않을 생각이니 양해 바란다는 내용이었다.

"모임 때 사무국장님이 토지 관련 자료를 배포하거나 설명하면 어떨까 합니다. 돌다리를 두드려 가는 것도 좋지만 토지매매를 계속 미룰 수는 없지 않을까요? 집 주인인 L샘이 참여하셔서 그렇지 그 부분도 고려해야 할 것 같습니다."

P가 S의 글에 대한 의견을 내놓았다. R도 이에 동의를 한다고 했다. 문서가 좀 늦어지는 것이므로 일정에 맞게 약속한 일 진행을 해야 혼란이 적어질 거라는 얘기였다. K, Q, L도 같은 의견이었다. 밴드에서 의견 나누는 것을 극히 꺼리는 O만 생각을 제시하지 않았을 뿐 모두들 토지계약과 계약금 납입을 찬성한 셈이었다.

S를 위해서도 우리를 위해서도 서류가 시급하다고 판단한 나는 사무국장에게 토지 관련 문서가 준비돼 있는가 물었다. 사무국장은 지금 밖에 있으므로 저녁에 올리겠다고 대답했다.

저녁이 되자 약속대로 문서가 올라왔다. XX는 L이 소속된 종교단체로 알려졌고, 사람들은 다시 토지매입과 계약금 납입이 약속대로 실행돼야 한다는 얘기들을 나눴다. 이미 계약금을 낸 사람들도 있었다.

토지계약을 하기로 한 날 아침, S는 결국 입주 포기 의사를 밝혔다. 실망스러웠지만 우리는 한 가구를 다시 알아보기로 하고 토지매매계약을 예정대로 진행하기로 했다.

시작
하다

독립해야겠어요

"엄마."

딸이 조용한 목소리로 나를 불렀다.

또 뭔 이야기를 하려고 그러나 싶어서 겁부터 더럭 난 나는 딸의 얼굴을 흘낏 살펴보았다. 취업을 앞두고 서울로 면접을 보러 다니기 시작한 딸의 입에서 나온 소리는 의외였다.

"나, 아무래도 방을 얻어야 할 거 같아."

"방? 왜?"

"면접을 보는데 인천이라고 하면 다들 '집이 머네?'라고 말해. 친구들이 그러는데 출근하게 돼도 직원들이 자꾸 지각을 하고 그러니까 집이 먼 것을 꺼린대."

"네 말대로 넌 집에서 서울 가는 것도 가까운데 뭘 그래? 서울에 살아도 보통 한 시간 가까이 걸려서 출근들 하고 그래."

지난번 얘기와 달리 나는 애의 진의가 무엇인가 따져보기 위해 일단 한번 튕겨보았다.

"가깝다고 해도 소용없으니까 그렇지. 취업하면 방을 얻을 거라고 해도 별로 믿지 않는 눈치야."

취업하면 방을 얻을 거라고? 아하, 독립을 하겠다는 거구면. 그럼 그렇다고 말을 하지, 둘러대기는!

그제야 애의 마음을 이해하고 빙긋 웃는데 남편이 끼어들었다.

"그럼 이참에 취업하길 원하는 곳 근방에다 방을 얻을래?"

고민이 가득한 듯하던 딸의 얼굴이 환해졌다. 그뿐인가. 목소리에도 물고기가 시원스레 물을 가르며 뛰놀듯 활기가 돌았다.

"정말 그렇게 하게 해줄 거야? 있잖아, 방을 얻더라도 취직 전에 주소지를 이전하는 게 좋을 것 같아. 그렇게 해줄 거지? 아까도 말했지만 그게 취업하는 데 절대적으로 유리하거든."

"취직 전에?"

남편이 눈을 똥그랗게 떴다. 그건 아니지, 하는 말이 얼굴에 묻어 있었다.

어차피 얻어줄 것, 취업 전에 얻어주나 취업 후에 얻어주나. 안 된다고 해서 또 사납게 입씨름 벌일 필요 있어?

이번에는 그 생각을 하던 내가 얼른 대답을 주었다.

"알았다. 그럼 요번 일요일에는 방을 알아보자. 그리고…… 네가 방을 얻어서 나가도 엄마 아빠는 서울에 짓는 집에다 네 방을 만들어둘 테니까 언제든지 와."

내 말 끝에다 대고 남편도 다시 덧붙였다.

"그래. 서울에 집이 완공되어도 네가 계속 독립해서 살고 싶으면 그래도 돼. 엄마 아빠는 네가 결혼을 하고도 언제든 올 수 있는 네 방 하나는 꼭 마련해둘 테니까. 그러니까 그런 줄 알고 있어."

당장의 일을 얘기하는데 웬 그리 먼 미래의 일까지?

나보다 한 수 더 신나게 뜨는 남편의 말을 들으며 내가 웃음을 흘렸다. 암말 말라는 신호로 남편이 나의 팔을 툭툭 쳤다. 그것을 모르

시작
하다

는 딸은 다시금 진지한 얼굴로 눈을 내리깔았다.

"감동받았어."

"감동? 새삼스럽게 무슨. 엄마 아빠는 너를 항상 그런 마음으로 대해왔어."

내가 남편에 이어 다시금 딸이 듣기 좋은 말을 날렸다. 물론, 진심이었다.

"알았어요. 고마워요."

딸이 생전 쓰지 않던 존댓말까지 하며 자리에서 일어났다. 우리는 아이가 거실을 질러가는 것을 보며 소리 나지 않게 한참 킬킬거렸다. 무엇 때문이든 복층을 쓰겠다는 둥 나가라는 거냐는 둥 하며 속을 썩이던 문제가 한순간에, 그것도 우리의 완벽한 승리로 끝이 났기 때문이었다.

집의 층과 호수를 정하다

각 가구의 집을 정할 날짜가 코앞으로 바짝바짝 다가왔다. 지금껏 그랬던 것처럼 남편은 살림층이 북향이어서는 안 된다는 주장을 되풀이했다. 나 역시 작업실이 독립된 공간이어야 한다는 주장이었다.

"뭐 해?"

남편이 인상을 쓰고 있는 나를 쳐다보았다.

"응?"

나는 상념이 차오르는 머리를 흔들며 설계도로 눈을 돌렸다. 세 장의 설계도 중 살림층이 북향이 아니면서 복층이 독립적인 공간은 5호였다. 풍광은 별로였지만 우리를 둘 다 만족시킬 수 있는 구조였으므로 당연히 1순위였다.

다음은 3호와 4호. 3호는 살림층이 북향이 아닌 대신 복층이 방 두 칸으로 이어져 있었다. 내가 원하는 독립적인 공간이 아니었다. 이와 반대로 4호는 남편이 싫어하는, 살림층이 북향이었다. 그 대신 복층이 독립적이었다. 어쩌면 이렇게 남편과 나의 의견을 정반대로 배치한 설계도가 나올 수 있는지 신기할 정도였다.

"그래도 4호보다는 3호가 나아."

나는 대답을 하지 않았다. 조금도 나를 배려하지 않는 것 같은 남편의 말에 화가 끓어올랐다. 왜 경기도쯤의 외곽에 단독주택 지을 생각을 안 하고 다세대주택형을 택했는가, 우리가 꼭 서울에서 살아야 할 이유가 있는가 하는 생각이 불쑥 들었다. 마당이 있고 텃밭이 있는 집, 작더라도 늘 그런 단독주택을 원했다. 그런데 왜 서울에다 그 것도 다세대주택형을 하기로 마음먹었는지 모를 일이었다.

"그러니까 애 결혼하고 나서 몇 년 있다가 방을 하나로 트는 거지. 복층을 작업실 겸 서재로 넓게 쓰면 되잖아. 결혼하면 어차피 제 살림 사느라고 바빠서 자주 오지도 않을 텐데 뭐."

남편의 뒤이어진 말에 나는 설계도를 다시 들여다보았다. 작업실과 그에 붙어 있는 서재가 그림처럼 눈앞에 둥실 떠올랐다. 끓어오르던 화도 맥을 잃고 고개를 수그렸다.

"그러고 보니 그러네?"

"그러니까 살림집이 북향인 4호보다는 3호를 두 번째로 하자고."

"그러지 뭐."

나중에 복층 한 칸을 서재로 만들자는 남편의 말에 혹한 나는 못 이기는 채 3호를 두 번째로 하는 데 동의했다. 그제야 3호에 거부할 수 없는 매력이 숨어 있다는 것도 새삼 발견했다. 복층 밖이 주택지인 5호와 달리 소나무숲으로 이루어져 있었던 것이다.

자기 집을 선택하는 날이 왔다. 향과 층의 문제는 예민한 것이라 모두들 우리 집처럼 고민했을 터였다. 한 가구 내에서도 충돌이 만만치 않게 일어나는데 가구와 가구 간의 갈등은 얼마나 더 첨예하겠는가?

단층을 선택한 가구들 중 R은 다리가 불편한 장애인이었다. 그리고 원하는 층수는 2층이었다. 당연히 배려 대상이 될 줄 알았다. 그러나 다른 가구들이 우선 제비뽑기할 것을 요구하였고 층수 정해지는 것에 따라 의논하자는 말이 나왔다. 다행히 R가구는 원하던 2층을 뽑았다. 그 덕에 단층 가구들은 더 논의하고 말고 할 것도 없이 일찌감치 축제 분위기에 싸였다.

말썽은 복층 입주자한테서 나왔다. Q가 갑자기 이상한 발언을 한 것이다.

"저는 5호가 되면 좋지만 그렇지 않으면 단층이 좋습니다."

"그게 도대체 무슨 말입니까? 지금 우리는 복층을 놓고 논의하고자 하는 겁니다."

"복층은 5호가 좋다고요. 그렇지 않으면 단층이 좋고요."

어쩜 이렇게 생각지도 못한 복병이!

화가 난 나는 끝내 언성을 높였다.

"그래서 의견이 뭔데요? 복층 단층이 다 정해지고 난 지금에 와서 단층을 하겠다는 겁니까?"

"그건 아니고요. 5호가 아니면 단층이 좋겠다는 거죠."

"그래서 결론이 뭐냐고요?"

우리 집은 애도 있고 내 작업실이 꼭 필요하니 독립된 방이 세 개인 5호를 우리에게 양보해줄 수 없겠냐고 말하려던 나는 입도 열어보지 못하고 자리를 박찼다. 안에서는 나와 Q가 나누었던 이야기가 또다시 똑같이 공전되고 있었다.

나는 애매한 Q의 말을 다시 생각했다. 기본 설계가 끝난 상태이므로 설계를 변경할 수는 없는 시점이었다. 내가 물러서는 길밖에 없겠다는 생각이 들었다. 어차피 제비뽑기를 하면 어느 집으로 정해질지 알 수 없는 문제였기 때문이다.

"그럼 5호 하세요. 3호는 우리가 하겠습니다."

마음을 가라앉히고 안으로 들어간 나는 Q에게 그 말 한 마디를 했다. 시끄럽던 실내가 조용해졌다.

"그래도 되나요?"

시작
하다

"네."

내가 다시 확인해주었다. 기다렸다는 듯, 그때부터 내 머릿속은 또다시 시끄러워지기 시작했다.

애가 결혼을 안 하면 어쩌지? 괜히 네 방 하나는 언제든 비워둘 거라고 했나? 집 다 지어놓은 걸 보고 나서 아예 들어와 살겠다고 하면 그땐 어쩌지? 독립된 작업실은 영영 물 건너간 건가?

산 넘어 산이라더니 인생이 참으로 고해였다. 갑자기 우리 집 혹은 나의 운을 알고 싶어졌다. 그래서 Q에게 제안을 했다.

"들어가 살 집은 정해졌으니 우리도 재미 삼아 두 집을 놓고 제비뽑기나 한번 해봅시다. 각자 어떻게 나오나."

그런데 추첨 결과도 무척이나 재미있었다. 정해진 대로 Q가 5호가 되고 우리 집이 3호가 되었기 때문이다. 앞으로 벌어질 일은 벌어질 일이고 그때 일은 그때 가서 해결하면 될 뿐, 3호가 운명이라는 느낌이었다.

구름정원 303호 복층 계단.

시작
하다

1 창문이 따로 달리지 않은 대신 안방 창과 천창을 통해 빛이 들어오게 설
   계된 203호 복층 계단.
2 중간에 계단참까지 있는 구조로 살림층에서 들어오는 빛과 작업실 창에
   서 들어오는 빛으로 환한 301호 복층 계단.
3 복층 방이 천장이 높은 4층이라서 위로 다락까지 두게 된 303호.

4 4층의 높은 천장을 이용해 거실과 아들 방에 걸
   쳐 넓은 다락을 둔 401호.
5 아들 방 위에 다락이 있는 402호. 이 다락은 아
   들의 침실로 이용되고 있다.

시작
하다

우리 집! 오, 우리 집!

◉   이제는 우리 집이 된 3호. 3호는 살림층에 부엌과 거실, 방 한 칸
이 있고 앞서 말했듯 복층에 방 두 칸이 이어져 있었다. 전혀 상상하
지 않았던 구조였기 때문에 이것을 어떻게 우리에게 맞게 쓸 것인가
가 큰 관건이었다. 발상의 전환이 필요했다.

"방을 어떻게 나눌까? 살림층에 있는 방을 우리가 쓸까?"

남편이 물었다.

"그러면 복층 중 하나가 애 방이 되는데 그건 내가 싫어. 집에 가
끔 오더라도 작업실 옆에 붙어 있으면 자꾸 잔소리를 하게 될 테고 그
러다보면 싸움만 날 텐데."

"그럼 살림층 방을 애한테 내줘?"

"그것도 문제지. 하지만 내가 작업실을 필요로 하니……."

나는 한숨을 내쉬었다. 아이들 두셋 정도에 부부가 사는 평범한
집이라면 방 나누기가 얼마나 쉬웠을까. 복층은 애들에게 내주고 살
림층은 부부가 쓰면 딱 좋을 구조였다. 그뿐인가? 부모를 모시고 사
는 독신에게도 좋았고 신혼부부에게도 나무랄 데가 없었다.

"살림층의 방을 작업실로 쓰면 어떨까? 그렇게 하면 독립된 작업
실이기도 하고 살림 챙기기도 수월할 것 같은데."

여전히 독립된 작업실이라는 것이 머릿속 깊숙이 뿌리박힌 내
가 나도 모르게 남편에게 물었다. 남편이 어이없다는 듯이 나를 바

라보았다.

"그건 더 말이 안 되지. 애하고 부딪혀서 스트레스 받는다는 둥 어쩐다는 둥 하면서 애하고 붙어 있는 방을 쓰고 싶어? 지금이야 저렇게 나가 있지만 언제 다시 들어오겠다고 할지도 모르는데."

"그럼 취소! 그건 아니고…… 대체 뭘 어떻게 해야 하는 거야?"

고민을 거듭하던 나는 머리칼을 쥐어뜯을 판이었다. Q가 그렇게 나온다고 해서 마음 약해질 필요는 없었는데, 하는 생각이 들었다. 서로 이야기가 안 되면 투표한다는 것이 원칙이었는데 왜 스스로 그것을 져버렸는지 그리고 이런 결과 앞에 놓였는지 한심했다.

돈은 돈대로 들이면서 이게 무슨 꼴이람? 애초에 단층을 선택하느니만 못한 꼴이 되었네. 아니지. 다세대형주택을 하겠다고 한 게 문제였어. 단독주택을 지었어야지. 경기도쯤에 짓는다면 얼마든지 할 수 있던 일이었잖아. 도대체 왜, 무엇에 홀려서 이런 선택을 한 거지?

"할 수 없지. 살림층 방을 애한테 주고 복층 하나는 작업실, 하나는 안방으로 써야지 뭐. 그리고 나중에 애가 결혼하면……."

"애가 결혼을 언제 하는데? 또 결혼을 안 하면 어쩔 건데? 그리고 살림도 안 하는 애한테 살림층을 내준다고? 도대체 이런 식으로 방 배치를 하고 사는 사람들이 어디 있느냐고?"

남편의 말을 끊은 내가 소리를 질렀다.

"그럼 어쩌라고?"

남편도 마주 고함을 쳤다.

집 선택 과정에서 원칙을 지키지 못한 죄가 있는 나는 남편이 그

시 작
하 다

에 대해 뭐라는 것도 아닌데 바로 기가 죽어 머리통만 벅벅 긁었다. 설계도를 아무리 봐도 답이 나오지 않았다. 그렇다고 이제 와서 집을 안 짓겠다고 할 수도 없으니 한마디로 환장할 노릇이었다.

시간이 빠르게 흘렀다. 마음속의 화도 가라앉을 무렵 나는 다시 이 집의 각 공간을 어떻게 나누어야 할 것인가를 차분히 생각해보았다. 우선, 복층의 방 한 칸을 딸에게 준다면 어떤 일이 생길 것인가 따져보았다. 잘 치우지 않은 너저분한 방을 매일 같이 장시간 옆에서 봐야 한다는 점에서 이만저만 스트레스가 아닐 것 같았다. 그러면서도 거의 비어 있는 공간일 터였다. 공간 활용 측면에서 너무 비효율적이었다. 반면 살림층의 방을 딸에게 준다면? 언제든 문만 닫아놓으면 지저분한 꼴을 보지 않아도 되니 그에 대한 스트레스가 없을 것 같았다. 청소 또한 제가 필요로 할 때 하면 되니 서로 충돌이 일어날 일도 없었다. 그것은 딸이 집에 들어와 산다 해도 마찬가지였다. 관계의 측면에서 대단한 이점이 있었다.

따져가다 보니 애방을 살림층에 두는 것은 당연한 일처럼 여겨졌다. 또한 복층에다 작업실을 두고 그 옆에 안방을 두는 것은 나 자신에게도 이롭다는 판단이 들었다. 낮에 작업할 때는 두 방을 연결하는 간지문을 열어 좁은 듯 보이는 작업실을 넓고 시원하게 쓸 수도 있기 때문이었다.

그렇게 공간을 사용한다고 치면 우리의 주 생활공간은 복층이었다. 살림층인 아래층은 무엇인가 하는 생각이 또 들었다. 부엌 정도만 사용할 것 같았다. 거의 식당 개념의 공간이었다.

그 생각이 머리를 스치는 순간 나는 아래층을 살림층이라는 용어 대신 식당층이라고 부르기로 작정했다. 그러고 나니 애방이 그곳에 있다는 것도 더 이상 문제가 되지 않았다. 주 생활공간과 식당을 구분해서 사용하는 것! 이것이야말로 우리가 흔히 알고 있는 집이라는 공간을 새롭게 사용하는 발상의 전환 아닐까?

하지만 문제가 조금 있었다. 애가 커서 대학에 간 후로는 부엌도 잘 사용하고 있지 않아서였다. 좀 더 애정을 갖고 자주 사용할 수 있는 방법이 뭐 없을까 고민이 되었다. 그것에 관한 생각은 오래가지 않았다. 거실과 부엌을 '카페식'으로 만들자는 생각이 혜성과 같이 떠오른 까닭이었다. 낭만적이기까지 한 것이 기분도 아주 좋아졌다.

집 내부 구조를 설계하다

우리 집 식당층의 기본 설계는 현관에서 들어오면서 부엌, 거실, 방, 화장실로 이어진 구조였다. 화장실 옆은 복층으로 올라가는 계단이었다. 이 설계도를 본 딸이 불만을 된통 터뜨렸다.

"내가 원하는 대로 된 것은 하나도 없잖아. 복층에서 내려오면 바로 내 방인데 그게 싫어. 그러니까 내 방을 현관문에서 가깝게 해줘. 그래야 독립적이지. 그리고 화장실은 방 안에 넣어줘. 난 그거만 되면 딴 말 안 해."

"그래, 생각해보자."

그렇지 않아도 그 쓰임이 변변찮을 부엌이 집 전체 구조에서 너무 끝에 배치돼 있다고 생각하던 나는 설계도를 들여다보았다. 부엌을 좀 더 자주 사용할 수 있는 위치와 애의 요구를 만족시킬 수 있는 공간 구조는 어떤 것일지 고민하기 시작했다.

"애 방을 현관에서 바로 들어갈 수 있게 배치한다면, 부엌은 어디가 좋을까? 애 방 옆이 좋지 않을까. 애가 뭐 먹고 싶으면 언제든지 먹을 수도 있고 부엌이 복층과 좀 더 가까워지니 그런 면에서도 좋고."

"그게 좋겠네. 부엌이 정 가운데에 있는 게 좋아 보이지는 않지만 쓰는 사람이 편하면 그만이니까."

이리하여 우리는 첫 번째로 식당층 구조 변화를 요구하기로 했다. 이것이 통과되지 않을 경우는 부엌과 방의 위치만 서로 바꾸는 것을 2차 안으로 두기로 했다.

두 번째는 베란다 내지 발코니 문제였다. 소행주를 방문했을 때 생각이 났다. 가장 부러웠던 것은 발코니였다. 그렇게 안과 밖을 연결하는 곳이 있다는 것은 집 안에서도 밖을 만날 수 있다는 점에서 대단히 중요한 소통 공간이 될 거라는 느낌 때문이었다. 그런데 구름정원 주택은 땅이 길게 생긴 데다 베란다를 뺀 면적이 18평밖에 되질 않아 모든 가구의 설계가 베란다를 튼 것이 기본이었다. 또다시 고민을 거듭했다. 그 결과 거실이 좁아도 상관없으니 식당층에 베란다를 설치해줄 것, 복층 역시 안방 쪽에 발코니를 만들어줄 것을 강력히 요구하기로 했다.

세 번째는 부엌과 거실을 카페식으로 만들기 위해 천장과 벽에 서까래식으로 나무를 대는 것이었다.

드디어 집 내부 구조 설계안을 들고 건축가와 마주 앉았다.

"우선 아래층 문제인데요. 현관에서 들어오면서 화장실 딸린 방을 두고 그 다음 부엌, 그 다음 거실로 만들 수 없을까요?"

내가 미리 보낸 설계도를 펼친 건축가가 고개를 흔들었다.

"배수 문제 때문에 안 됩니다. 이것은 제가 결정한 것이 아니고요. 시공사에서 저에게 요구한 사항이었습니다. 나중에 고장이라도 나면 고치는 데 굉장히 골치 아파지기 때문이지요."

"그럼 부엌과 방 위치만 서로 바꾸는 것도 안 됩니까?"

"네, 죄송하지만 부엌에도 배수 문제가 있기 때문에 안 됩니다."

여러 세대가 사는 집이라 배수 문제가 중요하다는 데는 할 말이 없었다. 소행주의 경우 입주자가 원하는 곳에 화장실과 부엌을 설치했다가 낭패 봤다는 얘기를 들은 적이 있던 터라 더욱 그랬다.

"베란다는요? 좁더라도 위아래층 모두 베란다나 발코니를 두면 좋겠는데요."

"집이 너무 협소해져서 그것도 안 됩니다. 말씀드린 대로 이 땅은 동서로 길어서 각 세대들의 집도 그렇게 앉을 수밖에 없었습니다. 그러다 보니 세대 내에 베란다를 넣게 되면 거실 공간이 제대로 안 나와요."

"알겠습니다. 그러면 천장의 서까래는요?"

"서까래 나무는 너무 비쌉니다. 안 하시는 게 좋을 것 같습니다."

모든 것이 안 된다는 것이었다. 그것도 처음부터 끝까지 전부. 그럴 거면서 뭐하러 입주자와 함께 집 설계를 한다고 했나, 원하는 것은 어떤 것 하나 제대로 되지 않는데 왜? 예상치 못한 집의 낙찰 문제를 넘어서서 야무진 꿈을 꾸기 시작하던 나는 다시금 실망이 가득해져서 집으로 돌아왔다. 일리가 없는 얘기도 아니고 하니 받아들이는 수밖에 더 있겠는가 하는 생각이 한숨과 함께 들었다.

하루가 지나고 사흘이 지나고 일주일이 지났다. 건축가의 말을 받아들이기로 했지만 그건 그 당시의 머리가 한 일일 뿐 시간이 지날수록 마음에는 아니라는 생각이 고개를 뻣뻣이 쳐들었다. 배수 문제 때문에 식당층의 기본 구조를 변경할 수 없다는 것은 이 건물에 우리 집만 있는 게 아니기 때문에 참고 받아들일 수 있었다. 그러나 베란다나 발코니 문제는 달랐다.

베란다나 발코니가 가능한지 아닌지를 짐작해보기 위해 나는 남편과 함께 모눈종이에 설계도를 그려보았다. 그리고 건축가에게 곡진하게 편지를 썼다. 따뜻하고 좋은 집에서 살고 싶지만 그 집에 갇혀 살고 싶지는 않다, 그것을 해결해주는 것이 집 안과 밖을 연결해주는 베란다 혹은 발코니라고 생각한다, 이를 완전히 없앤 집 구조는 숨부터 막혀오니 좁더라도 아래층에는 베란다를, 위층에는 발코니를 내달라는 내용이었다.

그 결과 식당층의 베란다는 건축가가 여전히 반대해서 할 수 없었지만 복층 안방에는 작은 발코니를 둘 수 있게 되었다. 그것은 그 후 여러 가지 검토 과정을 거치면서 작업실 밖으로 난 발코니로 전환되었다.

203호 건축주의 설계 변경 요청 사항_ 식당층(좌), 복층(우)

건축가의 설계 초안을 보고 203호가 변경 요청한 것은
①식당층 거실에 폭이 좁은 베란다를 넣고, 공간 구조는 현
관→화장실 딸린 애방→부엌→거실 순으로 바꿔줄 것, ②부
엌과 거실을 카페식으로 할 테니 천장과 벽에 서까래나무
를 대줄 것, ③복층 안방에 발코니를 넣어줄 것이었다. 이중
실현된 것은 복층 발코니였다. 그리고 이후 내부 디자인 과
정에서 복층 화장실 앞에 간이개수대를 넣었고 부엌은 아
일랜드 부엌으로 바꾸었다.

203호 최종 평면도_식당층(아래), 복층(위)

시작
하다

1, 2 203호 발코니.
3, 4, 5 202호의 발코니 외관.

"내 머릿속에는 수많은 일들이 스치고 지나갔다.
집 짓는 데 참여하겠다며 이곳을 처음 방문했던 일,
막상 가계약을 하자고 하니 반이나 떨어져나가던 가구들,
어렵게 다시 여덟 가구가 모인 일,
이제야 집을 짓게 되는구나 싶은 게 만감이 교차했다."

부딪
히다

3

마지막 한 세대

○　　　　S가구가 그만둔 후 시간이 꽤 흘렀는데도 마땅한 임자가 나타나지 않았다. 하겠다고 나섰다가도 계약 직전 마음을 돌리곤 해서 실망감만 안겼다. 그 결정이 쉬운 것이 아님을 충분히 알고 있기에 마음이 급해졌다. 집을 시공사에서 소유하고 짓기 시작할 경우는 분양대금이 1,500만 원 상승하고 하우징쿱에서 소유할 경우는 4,000만 원이 상승한다는 결론이 나왔기에 더욱 그랬다.

"각자 주변에서 열심히 알아봐죠, 뭐."

"그것 가지고는 부족할 것 같은데요? 지금까지도 주변에 알리고 알아보고 그랬잖아요."

"그럼 어떡해요?"

전무이사를 맡게 된 R이 빙그레 웃었다.

"우리끼리 포상금을 지급하는 건 어떨까요? 예를 들어 O가구에서 사람을 끌어오면 나머지 가구에서 10만 원씩 내서 O가구에게 주는 거죠. 거금 60만 원을 받게 되는 겁니다."

"와, 그거 좋은 생각이네요!"

우리는 R에게 박수를 보내며 환하게 웃었다. P가 이어서 덧붙였다.

"12월 말까지 하면 10만 원씩 하기로 하고요 한 달이 지날 때마다 만 원씩 깎는 건 어떨까요?"

L이 P의 말을 받았다.

"하하하, 그건 더 좋은데요. 예, 그렇게 합시다. 바짝 달라붙어서 12월 안에 끝내는 걸로 하지요."

재미도 있고 새롭게 힘이 충전되는 맛도 있는 것 같아서 나도 즐거워졌다.

연말이 다가왔다. 건축가와 상담을 끝낸 나는 그 근방에서 조그마한 음식점을 운영하는 B선배네 가게를 찾았다. 마침 선배도 나와서 부인의 일을 돕고 있었다.

"참, 가구가 하나 비었는데 혹시 들어갈 생각 없어요?"

집 짓는 이야기를 한참 하던 나는 지나가는 말처럼 물었다.

"설계를 시작했다면서 아직 자리가 비었어?"

선배가 되물었다.

"계약 앞두고 한 가구가 그만뒀거든요."

"그래? 나야 좋지. 동네가 좋은 데다 동료 옆에 살게 되는 건데. 근데 돈이 없어. 돈을 알아봐야 돼."

돈을 알아본다고?

나는 긍정적인 선배의 말에 얼른 뒷말을 덧붙였다.

"좋으면 무리를 해서라도 오세요. 가게가 잘되니 큰 걱정은 없잖아요. 빚 없이 집 마련하는 가구가 얼마나 되겠어요."

옆에서 얘기를 듣던 선배 부인도 반기는 기색이었다.

"이참에 H 말대로 그렇게 하자. 응? 덕분에 따뜻한 집에서 좀 살아보자고. 있잖아, H. 우리가 지금 사는 집은 전세도 싸고 편하긴 한

데 옛날 집이라서 겨울만 되면 굉장히 춥거든. 그러니까, 여보! 그렇게 하자고. 소원이다."

"그래 알았어. 형한테 돈 얘기부터 해보자고."

잘하면 될 수도 있겠구나 싶어진 나는 잔뜩 들뜬 선배 부인과 돈 구할 방법을 고민하는 선배에게 그들이 들어갈 구름정원 주택의 조건을 찬찬히 더 얘기했다.

뜨거운 감자를 먹는 법

○   따르르릉.

B선배네가 계약금을 넣기로 한 날, 선배 부인한테서 전화가 왔다.

"H, 나 지금 은행인데 하우징쿱에 막 돈을 넣으려는데 T라는 사람이 돈을 넣었다고 문자가 온 거야. 세상에 어떻게 이런 경우가 있을 수 있는 거니? 문자 받고 사무국장한테 전화했더니 글쎄, 돈 먼저 넣은 사람한테 우선권이 있는 거라고 그러는 거야. 그럴 걸 계약금 받을 날짜와 시간은 왜 우리랑 약속하느냐고?"

심각해진 내가 대꾸했다.

"얘기가 아주 이상하게 돌아가네요."

"누가 아니래. 알아보니 몇 분 전에 돈을 냈다는 사람은 이사장이 소개했다며? 그러니까 그 사람한테 해주고 우릴 내친 게 아니냐고. 그게 협동조합으로 집을 짓는 거야? 내가 열 받아서 정말······."

"일단 알았어요. 언니, 너무 흥분하지 마세요. 일이 어떻게 된 건지 알아볼게요. 조합원 모임에도 알리고요. 알았죠?"

나는 사무국장에게 곧바로 전화를 넣었다. 사무국장은, T에게 계좌번호를 가르쳐준 것은 L인데 T가 자신에게 돈을 넣겠다는 말도 없이 넣은 것이라고 했다.

"그래서 어떻게 되었나요? 계약도 했나요?"

"네, 돈 넣고 와서 바로 계약도 하셨습니다."

"뭐라고요? 계약까지 이미 했다고요?"

소리를 버럭 지른 나는 알았다고 하고 전화를 끊었다. B네가 분명 문제제기를 했는데도 계약서를 쓰다니, 있을 수 없는 일이란 생각이 들었다.

그러나 문제는 그렇게 간단한 게 아니었다. 얘기를 들어보니 이 사장이 사무국장에게 일부러 인수인계를 안 한 것도 아니었고, L도 악의적으로 계좌번호를 T에게 알려준 게 아니기 때문이었다. 그들은 그날 B가 돈을 입금하기로 한 것도 모르는 상태였다. 죄가 있다면 S가 빠져나간 빈자리를 채워야 한다는 데 열성을 보였다는 것뿐이었다. 그런 그들의 순수한 노력을 무시한 채 책임을 물을 수 있을까?

조합원 모임 전 오해를 하고 있는 부분이 있거나 이해되지 않는 점은 해소하자는 하우징쿱 사무국장의 제안이 있어서 나, 사무국장, 전무이사 R이 모였다. 이 자리에서 나는 T가 계약까지 했으니 T로 하

부딪
히다

는 것이 좋겠다. 동시에 B에게는 빠른 시일 안에 하우징쿱 이사장과 사무국장이 직접 찾아가서 진심 어린 태도로 사과하는 게 어떻겠느냐고 제안했다. 이 안은 조합원 모임에서도 통과되었고 하우징쿱 역시 받아들였다. B에게는 미안한 일이었지만 어쩔 수 없었다.

계속되는 문제들

"법무사 수수료를 세대당 10만 원 깎아서 11만 5천 원씩 주기로 했어요. 그 금액이 92만 원입니다. 그런데 견적서를 보면 100만 원으로 돼 있잖아요. 그러니 약속대로 92만 원으로 수정돼야 한다고 봅니다."

남들보다 계산이 빠른 데다 우리 조합원 모임의 회계이사를 맡고 있는 P가 '소유권이전비용' 견적서를 보며 사무국장에게 항의하듯 말했다. 나는 뒤바뀌는 숫자에 혼란스러워하면서도 고개를 끄덕였다. 우리가 법무사 수수료를 가구당 10만 원 할인받기로 한 것은 사실이며, 그 액수를 뺀 금액이 92만 원이라면 그렇게 되는 게 맞기 때문이었다.

"법무사가 세대별로 적당히 10만 원 할인하는 선에서 모든 걸 처리한 겁니다. 그리고 그 내용은 법무사 수수료 100만 원, 제증명이 일

괄처리되면서 8만 원에서 3만 원으로 감소, 소유권이전등기신청이 8건에서 1건으로 변경되면서 주택채권 비용이 17만 1,200원으로 감소하는 데서 이루어졌다는 겁니다. 전체 액수로 보면 3만 원 늘어난 것이고 여덟 세대로 나누면 3,750원이에요. 그러니 이 정도 선에서 마무리하는 게 좋겠습니다."

사무국장의 말을 듣던 나는 더욱 혼란스러워졌다. P의 이야기를 들을 때는 딱딱 떨어지는 계산과 결론이 귀에 들어와서 그렇게 하는 게 맞는가보다 싶었는데 사무국장의 이야기는 도무지 무슨 말인지 이해되지 않아서였다.

내가 사무국장이 얘기하는 전체 액수라는 것이 뭔지 골똘히 생각하고 있는데 이번에는 R-1이 나섰다.

"법무사 수수료를 10만 원씩 할인해주기로 했잖아요. 그런데 그렇게 하지 않고 그 금액을 다르게 정한 이유를 설명해주세요. 들은 내용과 결정되어 나온 내용이 다르니까 자꾸 혼란스러워서 그럽니다."

"말씀드렸듯 전체적으로 봤을 때는 3만 원 늘어난 겁니다. 가구당 3,750원이에요. 이걸 법무사 측에 다시 요청하지는 않겠습니다. 보통은 교통비도 청구하는데 법무사가 그것까지는 요구하지 않았습니다. 그러니 한창 일하고 있는 사람에게 또 협상하자고 그러는 것은 별로 좋아 보이지 않습니다."

계산을 해보자, 계산을!

나는 동문서답식으로 답을 늘어놓는 사무국장의 이야기를 듣다 말고 중얼거렸다. 사무국장이 어떤 말에도 흔들리지 않고 계속 주장

부딪
히다

하는 것은 전체 액수였다. 기존의 견적서와 새로운 견적서의 전체 액수 차이를 말하는 것 같아 계산을 해보니 딱 맞아떨어졌다. 원칙대로라면 구체적인 항목의 돈 액수가 나오고 그것들이 더해져 전체 액수가 돼야 옳은 게 아닌가? 그렇게 계산해보니, 법무사는 주택채권과 제증명에서 감소된 돈을 마치 자신이 가져가야 할 돈을 토해놓은 것처럼 가져다 액수를 맞춰놓고 있었다. 자신의 수수료를 약속한 금액에서 8만 원이나 늘리는 얍삽함도 보였다. 그러고도 3만 원을 더 내라는 것이다. 우리 같은 경우야 여덟 세대밖에 되지 않으니 액수가 미미하지만 가구 수가 100세대, 1,000세대, 10,000세대 되는 공동주택의 의뢰를 맡는다면 실로 엄청난 액수가 될 터였다.

아, 세상은 왜 이리도 혼탁한가? 정당한 보수와 정직한 계산으로 사람을 대하는 사회가 될 수는 없는 것인가?

탄식을 하고 있던 나는 퍼뜩 주먹으로 머리를 쳤다. 적정한 가격의 시공비로 주택을 건설한다는 하우징쿱의 구호가 떠올랐고 이러한 우리의 집짓기가 이 혼탁한 사회에서 얼마나 중요한 디딤돌 역할을 할 것인가 새삼 생각난 까닭이었다. 법무사에게 92만 원으로 약속한 수수료를 지키라고 강력히 요구해야겠다는 결심이 들었다.

한편, 나같이 산수 머리가 약한 사람도 문제를 푸는데 사무국장은 어찌하여 우리처럼 각 항목의 문제를 따지지 않고 법무사가 제시한 대로 전체 액수의 차이만을 보는지, 그리고 왜 법무사가 내민 비용을 우리에게 관철시키려고 애쓰는지 알 수가 없었다.

"소유권이전비용 중 우리에게 가장 문제가 되는 것은 법무사 수수료였습니다. 우리는 이것을 가구당 10만 원씩 할인받기로 했으니 사무국장은 다시 이에 맞춰서 금액을 청구해주세요. 그리고 원래 돈을 내기로 한 날짜가 말일이었는데 내일까지 내라고 이렇게 통보하면 안 되지요. 내일까지 내는 것에 대해 조합원들의 동의를 먼저 얻어야 한다고 생각합니다.”

내가 말을 꺼내기도 전에 깐깐하기로 두 번째 가라면 서러울 M이 입을 열었다. 그러나 사무국장은 계속되는 조합원들의 일관된 요구에도 돌부처 같기만 했다.

“날짜를 미리 말씀드리지 못한 것은 죄송합니다. 또한 계속 그렇게들 말씀하시니 가구당 3,750원을 제한 금액을 입금하는 것으로 하겠습니다. 내일 오전까지 입금이 어려운 분은 꼭 알려주셨으면 합니다. 법무사 측과 등기소에 언제 들어갈지 시간을 맞추어야 하니까요.”

도대체 조합원들의 얘기를 듣는 겁니까, 마는 겁니까?

속으로만 그렇게 외친 나는 한숨을 길게 내쉬었다. 몰라서일까? 제대로 알지 못하니 법과 관련해서 일한다는 법무사의 말을 믿고 그 논리를 따르는 걸까, 하는 생각이 들었다. 그렇다 해도 그랬다. 모르면 배워야 하고 조합원들의 말이 틀리지 않은 다음에야 그 뜻을 존중하는 게 마땅했다.

“아니, 사무국장은 지금 누굴 위해 일하는 겁니까? 저희 집은 내일 등기를 원하지 않습니다!”

급기야 더 이상 참지 못한 M이 소리를 질렀다. 조합원들과 사무

부딪
히다

국장 간의 상황이 이렇게까지 치닫자 R이 나섰다. 다음 날 법무사를 통한 등기는 하지 않겠노라고 선언했다.

산 넘어 산

○   P가 법무사에게 전화를 했다. 왜 법무사 비용을 92만 원에 해주기로 하고는 그렇게 하지 않느냐고 따졌다. 이에 법무사는 그렇게는 이 일을 하지 않겠노라고 했다. 그리고 이 땅은 임의단체가 소유하고 있기 때문에 소유권이전등기가 안 될지 모르며, 나중에는 법원까지 갈 수도 있다는 말을 했다.

임의단체라고?

여태껏 몰랐던 사실을 처음 알게 된 P는 뒤로 넘어갈 지경이 되어 전무이사 R에게 연락했다. P의 전화를 받은 R 역시 까무러칠 듯 놀라 사무국장에게 바로 전화를 했다. 땅을 소유하고 있는 XX단체가 임의단체이며 법원에 가야 할지도 모를 만큼 문제가 복잡하다는 것에 대해 왜 여태껏 조합원들에게 알리지 않았느냐고 물었다. 이에 조합원들이 불안해할 테니 땅이 복잡하다는 것을 전하지 말라는 법무사의 얘기 때문에 그렇게 했다는 대답이 돌아왔다.

반성

○ 모두들 심각한 얼굴로 지글지글 익어가는 불판 위의 고기를 바라
보았다. O가 잔마다 돌아가며 술을 따르자 이번에는 습관적으로 건
배도 했다. 별로 중요하지 않은 이야기들이 몇 마디 오가고 잔에는 다
시 술이 채워졌다. 자리마다 늘 함께했던 사무국장이 없으니 그것도
이상했고, 그 사무국장에 대한 이야기를 하려니 그것은 더 어색했다.

"사무국장은 어째서 그런 태도를 취하는 걸까요?"

드디어 Q가 먼저 조용히 입을 열었다.

"몰라서 그러는 거겠죠."

내가 대답했다. O도 고개를 끄덕였다.

"제가 이런저런 얘기를 해보고 그랬는데요. 몰라서 그래요."

"저기요!"

T가 O의 이야기 끝을 잡아챘다.

"오늘 할 얘기를 시작하지요. 난 다른 약속이 있어서 좀 있다가
가봐야 해요."

어렵사리 이야기를 시작하던 사람들이 약속이라도 한 듯 다시 입
을 다물었다. 새로 올려진 고기가 익으며 지글거리는 소리, 젓가락
부딪히는 소리, 환풍기 돌아가는 소리가 둥둥 떠다녔다.

얼마나 지났을까. M이 미간을 잔뜩 찌푸리며 끊어진 이야기의
물꼬를 텄다.

107

부딪
히다

"어쨌든, 뭐라고 변명을 해도 이제는 도저히 안 되겠어요. 너무 아마추어적이에요. 그렇다면 PM을 바꿔달라고 하는 수밖에 없지요."

M의 말에 이어서는 P도 한마디 했다.

"더구나 법무사 관련한 일들은 당장 현금이 나가는 것들이잖아요. 까딱 잘못하면 우리만 생돈을 날리게 돼요. 그러니까 PM은 물론 코디네이터도 더는 맡길 수 없다고 봐요."

그래, 현실은 또 현실이니까. 그걸 감당하려면 어쩔 수 없는 일이지.

나도 그런 생각을 하며 고개를 끄덕였다.

"예, 저도 동의하고요. 그러면 하우징쿱에 PM을 바꿔달라고 얘기하는 것으로 하지요. 코디네이터도 당연히 바꿔야 할 텐데 그건 다음에 다시 얘기하는 걸로 하고요. 어려운 문제입니다. 마음이 아프지만 어쩔 수 없는 것 같네요."

M과 O의 이야기, 그에 따른 주변 사람들의 분위기를 살피던 R이 마무리하듯 그렇게 얘기를 맺었다. 그런데 바로 그 순간, 내내 말도 없이 술만 마시고 있던 K가 갑자기 고함을 지르기 시작했다.

"그래요? 그래서요! 나이 좀 들고 세상 물정 좀 아는 사람이 하면 그런 일이 안 생길 것 같습니까? 닳고 닳아서 뒤로 어떤 짓을 할지 어떻게 압니까? 사무국장이 때 묻지 않고 순진해서 그래요. 그런 젊은 사람은 요새 세상에 찾기도 쉽지 않고요. 또 그동안 얼마나 열심히 했습니까? 그런 사람을 내쳐달라고 요구하자고요? 모르면 알려주고, 힘들어하면 다독이고 하면서 서로서로 같이 가야지요. 그리고, 사람은 그런 과정을 통해서 배우고 성장하는 거 아닙니까? 누군 처음부터 그런 걸 다 알고 태어나느냐고요. 그러니까 한 살이라도 더 먹은 우리가 이렇게 저렇게 바로 잡고 그러잖아요. 그렇게 해서 바른 길을 가면 되는 거라고요. 그게 협동조합 아닙니까?"

늘 허허실실 사람 좋은 웃음을 입에 달고 다니는 K, 회의 때도 크게 자기주장을 내세우는 일이 없던 K였기에 사람들은 포효하는 호랑이라도 만난 듯 입을 벌리고 다물지 못했다.

나 역시 놀라서 음식을 먹지도 못한 채 상 위만 바라보았다. K의 말대로 우리와 어울리던 사무국장의 모습이 스쳐갔다. 회의를 마치고 남아서 못다 한 이야기를 풀던 일, 기분이 좋으니 3차까지 가야 한다며 노래방에 갔던 일이 한두 번이 아니었다. 회의를 마치고 나면 그냥 갈 수도 있었지만 결코 그러지 않던 사람이었다. 우린 그게 고마워서 집마다 돌아가며 택시비를 대기도 했다.

언제부터 이렇게 된 걸까? 그때처럼 대화만 충분히 하고 지냈어도 사무국장이 그렇듯 법무사에게 끌려 다니지 않았을지 모르는데. 얼마나 일이 어렵고 기댈 데가 없었으면 법무사에게 기대서 일 처리를 하려고 그랬겠어?

나는 K에 이어 사무국장에게 소원해져 있는 나 자신에게 다시 한 번 놀라며 생각에 빠졌다. 나에게 있어서 그 시점은 이곳에 입주하려고 했던 선배 B의 문제가 터지고부터인 것 같았다. 우리가 결론 내린 대로 일이 잘 마무리됐다면 이런 일도 없었겠지만 이사장과 사무국장은 빠른 시일 안에 B를 찾아가 정중히 사과한다는 조합원 모임과

부딪
히다

의 약속을 지키고 있지 않았던 것이다. 그래서 당면한 문제에 대해서도 적극적으로 대화하고 일을 풀기보다는 그냥 바라보는 입장을 취하고 있었다. 그러나 K의 말에 충격을 받고 보니 그런 내 자신이 불편하기 이를 데 없었다. 과연 얻은 것이 무엇인가 싶어서였다. K의 말대로 한 살이라도 더 먹은 내가 마음을 열고 다가가 속 깊은 대화를 하고 다독여야 했던 게 맞았다.

"그럼 우리가 어떻게 하는 게 좋을까요?"

R이 입을 열었다.

"꼭 K샘 말이 아니더라도 우리가 하우징쿱에 PM을 바꿔달라고 요구하는 건 좀 무리가 있는 것 같네요. 이미 이사장과 법무사까지 회의에 참석해달라고 했으니 우리 할 일은 다한 게 아닐까요?"

"맞아요. 그 말도 일리가 있네요."

그래서 어떻게 하자는 거냐고 R이 다시 물었다.

"회의 끝나고 나서 하우징쿱 내에서 알아서 하도록 해야죠. 그래도 될 것 같아요. K샘 말대로 될 수도 있고 아닐 수도 있지만……."

K의 포효가 있고 난 후 모임 분위기는 급반전되었다. 다들 마음의 짐도 덜어낸 얼굴들이었다.

그러나 일주일 후, 조합원 모임에는 하우징쿱 이사장만 나왔다. 법무사는 이 일을 맡지 않겠다며 나오지 않았고 사무국장은 이사장이 나오지 말라고 해서 안 나왔다는 것이다.

"여러분이 제기했던 법무사 비용 문제는 옳은 지적입니다. 사무국장이 아직 젊고 사회 경험이 부족해서 일 처리가 미숙했습니다. 그리고 땅이 복잡하게 되어 있는 것을 알리지 않은 것도 잘못되었습니다. 이 역시 사무국장이 잘 몰라서 그렇게 했던 것으로 우리 하우징쿱의 부족함이기도 합니다. 죄송합니다."

아무도 이사장의 말에 토를 달지 않았다. 아니, 토를 달 내용이 없었다. 당사자도 아닌 사람에게 무슨 말을 한단 말인가?

나는 이 상황이 몹시 싱겁고 쓸쓸했다. 사무국장이 나왔더라면, 그래서 이사장이 한 말을 사무국장에게서 직접 들었더라면 얼마나 좋았을 것인가 하는 아쉬움이 가슴을 쿡쿡 쑤셨다.

새로운 법무사

○   지하도를 나서자 요란스러운 소리를 지르는 바람이 덮쳐왔다. 금세 얼굴이 얼얼해지고 머리카락이 사방으로 흩날렸다. 이어 손가락과 발가락 끝도 시려왔다. 잔뜩 웅크린 채 약속 장소를 향해 걸었다.

"H샘! H샘!"

뒤에서 낯익은 목소리가 들려왔다. 심장마저 얼어붙을 듯 조여오는 날씨에 덜덜 떨며 돌아보니 P였다.

"있잖아요, 샘. 저 점 봤어요."

나란히 걷다 말고 점 같은 것과는 인연이 멀 것 같은 P의 얼굴을

부딪
히다

쳐다봤다.

"집 문제가 어찌 될 건가 하도 답답해서요. 전 빚이 많잖아요. 예정했던 기한 내에 집이 지어지지 않으면 정말 이자 감당이 안 돼요."

얼마나 애가 닳고 불안하면 점까지 보았을까? 그런데 점이라고?

고개를 주억이던 것도 잠깐, 점을 봤다는 사실에 새롭게 호기심이 동한 나는 싱긋 웃었다. 점집에선 뭐라더냐고 바로 물었다. P는 음력 2월 내로 땅이 넘어오지 않으면 일이 안 될 수도 있다 하더라고 대답했다.

"그때까진 되겠죠!"

문제에 대한 뚜렷한 해결책을 가지고 있는 것도 아니면서 내가 힘주어 말했다.

"그렇게 되겠죠? 그래야 돼요. 전 정말…… 아 참, 그리고 또 점쟁이가 하는 말이……."

이 사안에 대해 물음을 받은 점쟁이라면 누구나 할 법한 이야기들을 건성으로 들으며 나는 매도인이 임의단체여서 복잡하다는 것에 대해 생각했다. 임의라…… 임의단체의 반대는 법인단체인데, 그렇다면 법인은 왜 소유권이전을 하기가 쉬운 건가라는 생각이 들었다. 그 이유를 찾으면 임의단체가 안고 있는 문제를 해결할 수 있는 답이 나올 것 같았다. 유령단체도 아니고 땅과 땅 주인도 있으니 안 될 리가 없었다. 문제는 법무사였다. 책임감 있고 능력 있는 법무사가 필요했다. 또다시 눈은 법무사에게로 향하는 셈이었다.

"P샘이 이번에 추천한 법무사 말이에요."

잠시 생각에 잠겼던 내가 다시 입을 열었다.

"아, 그분이요? 왜요?"

"어떻게 알게 됐나 해서요."

"별거 없어요. 이 건은 부동산 명의가 여러 사람으로 돼 있는 임의단체여서 복잡하다잖아요. 일이 되려나 안 되려나 너무 불안하더라고요. 그래서 법무사 사무실 몇 군데에 문의하다가 알게 된 사람이에요."

지난번 법무사 수임료 때도 그러더니 P는 이번에도 제일 먼저 법무사를 알아보았다. 고마운 일이었다. 빚이 많다고 누구나 그러는 것도 아니고 액수 차이야 있지만 대부분 빚을 안고 집을 짓는 터이기 때문이었다.

"고생했네요. 그래, 뭐라던가요?"

"어떤 데서는 가까운 곳에 문의해보라고 하고 어떤 데서는 어렵고 복잡한 문제라고만 하더라고요. 그런데 한 법무사 사무실에서 '그게 우리가 하는 일인데요!' 하고 대수롭지 않게 대답하는 거예요. 전화를 받은 것도 법무사가 직접 받았고요."

"아하, 그 법무사가 요번에 우리 것을 맡은 거로군요?"

나는 뒷이야기를 듣다 말고 간만에 흡족해져서 얼른 물었다.

"네."

"그분 말 참 맘에 드네요. 그게 우리가 하는 일이다? 그렇지요. 그래야 전문가지요. 임의단체라서 등기가 안 될 수도 있다고 무책임하게 얘기하거나, 대출받은 은행의 법무사처럼 매도인 한 번 만나보

부딪
히다

고는 못하겠다고 하는 불성실한 이가 제대로 된 법무사라고 할 수 있 겠어요?"

"맞아요! 맞아요!"

꿍짝이 맞은 우리는 허연 입김을 서로에게 내뿜으며 화통하게 웃었다. 어느덧 발길은 조합원들을 만나기로 한 카페 앞에 닿아 있었다. 우리의 앞날을 밝혀주기라도 하듯 불빛이 어느 곳보다 환하게 쏟아져나왔다.

봄이 오는 소리

"Q샘, 여기예요."

매번 늦게 나타나는 Q가 휴대전화를 귀에 대고 두리번거리다가 우리를 발견했다. 벌그스름한 얼굴로 사람들을 헤치며 우리에게 다가왔다. '2014경향하우징페어'가 개최되는 장소임을 알리는 주황색 깃발들, 매표구마다 길게 늘어선 이들, 앞다투어 자기 개성을 드러내는 여러 관들이 어울려 전시회장은 복잡하기 이를 데 없었다.

우리는 제일 먼저 설계 · 시공 · 내부 인테리어까지 연계해서 집 짓는 전 과정을 컨설팅한다는 회사의 관 안으로 들어갔다. 그곳에는 그 회사에서 지었거나 짓고 있는 주택 도면과 모형, 사진들이 여럿

소개돼 있었다.

사이마당집이라고? 안방을 살림방, 아이들 방과 떨어뜨려놓고 그 사이를 연결하는 공간을 만들었구나. 지붕이 있으니 비가 와도 저 공간에 앉아 차를 마실 수 있겠어. 우리도 작은 규모로 저런 단독주택을 지었으면 좋았을 텐데. 안방 위치를 작업실로 하면 딱이겠어. 그 다음, 거창주택? 저 집은 거실을 앞으로 쭉 빼고 발코니를 만들었네. 발코니 지붕과 안전대는 한옥 모양이고, 멋지다. 집 앞으로 저수지도 있고 풍광 좋네. 저녁이 아름다운 집이 될 것 같아. 사이마당집처럼 거실 옆에 붙은 2층에 작업실을 따로 두면 정말 좋겠다.

그나저나 작업실이라고? 아직도 버리지 못했구나. 집에 대한 로망! 그래서, 그 로망대로 시골에다 집만 덜렁 지어놓으면 뭐할 건데? 여태껏 느꼈던 삶의 문제들도 같이 사라질 수 있어? 그렇지 못하니까 여럿이 모여서 집을 짓기로 한 거잖아. 혼자 살아가기에는 삶이 너무 쓸쓸하니까. 그러면 됐지. 그러면 된 거야.

"뭐 해? 저쪽으로 다들 이동하고 있는데."

남편이 나를 잡아끌며 말했다.

"응? 응!"

사람들의 뒤를 쫓아 두 번째로 들어간 곳은 건축물 내외장 마감재인 인조석이나 파벽돌 등을 생산하는 회사의 관이었다. 부엌에 이어져 있는 거실을 카페처럼 만들고 싶었던 나는 누구보다 열심히 그것들을 들여다보았다. 특히 오래된 삶의 때가 그대로 묻은 듯한 붉은색 파벽돌 앞에서는 쉬 발길이 떨어지지 않았다. 우리 집 거실 벽

115

에 장식하면 정말 좋을 것 같았다. 하지만 고민이 있었다. 그렇지 않아도 거실이 별로 크지 않은데 벽돌까지 댄다면 더 좁아질 것이기 때문이었다.

"이사장님, 저 벽돌을 거실 인테리어로 쓰고 싶은데 가능할까요?"

내가 붉은색 파벽돌을 가리키며 옆에 서 있던 이사장에게 물었다.

"그럼요! 저건 두께가 요렇게 얇은데요. 그 뒷면에다 본드를 칠해서 하나씩 붙이면 되는 거예요."

두께가 일반 벽돌과 똑같을 거라고만 생각하고 있던 나는 이사장이 엄지와 검지로 만드는 파벽돌의 얇음에 놀라지 않을 수 없었다. 카페나 빵집 안의 벽돌 인테리어 모습들이 떠올랐다. 그곳들도 그 얇은 파벽돌을 썼을 거라고 생각하니 일반 벽돌과 다름없던 사실감에 또 한 번 놀라움을 감출 수 없었다.

"아까 본 대나무마루 어땠어요? 정말 예쁘지 않아요?"

방울토마토를 손에 든 Q가 미소를 환하게 지으며 물었다. 아까 바닥재관에서도 여러 번 감탄하며 한 말이었다.

"네, 그거 정말 좋더라고요. 근데 너무 비싸요."

도시락 뚜껑을 열던 T가 대꾸했다.

그게 뭐가 좋지? 난 반들반들 빛이 나서 별로던데. 느낌도 차가워서 싫고. 장판이나 합판을 깔 게 아니라면 강마루나 강화마루가 제일 낫지. 다른 것에 비해 바닥 긁힘이 덜하다니까.

나도 가져온 빵을 내놓으며 생각했다. 아직 우리가 볼 것의 반밖에 못 보았다는데도 피로가 몰려왔다.

"마루는 아무래도 강마루가 낫지 않은가 싶습니다. 보셨다시피 원목마루는 너무 비싸고 강화마루는 본드를 사용하지 않고 시공하는 방식이라서 소음과 쿨렁거림이 있거든요. 강화마루의 이런 단점을 보완한 것이 강마루라 실용적인 면에서는 가장 좋습니다."

강화마루가 소음과 쿨렁거림이 있다고? 그렇다면 당연히 강마루로 가야지.

이사장의 말에 나는 고개를 끄덕였다. 이곳에 온 후 물건에 대해 확실하게 결정을 내린 것은 그때가 처음이라 기분도 좋아졌다.

"저는 편백나무가 참 맘에 들어요. 이사장님 말마따나 천장을 편백나무로 해야겠어요. 제가 알레르기가 있거든요."

R-1이 기분 좋은 얼굴로 말했다.

"그럼요, 편백나무 좋지요. 건강뿐이 아녜요. 아까도 말씀드렸다시피 저희 집은 욕실을 편백나무로 했는데 한 달이 지나도 수건에서 냄새가 나지 않더라니까요."

이어진 이사장의 말에 까르르 웃음이 터졌다. 수건을 한 달씩이나 욕실에 두었다는 것은 계속 그렇게 두고 사용했다는 말로 들렸기 때문이다.

나는 O가 가져온 커피를 한 모금 마셨다. 연속되는 이야기와 웃음소리가 잔잔한 물결이 이는 것처럼 귓가를 스쳐갔다. 산 넘어 산이라는 것이 그동안 우리의 과정이었다면 지금은 산 능선을 걸어가는 시기인 것 같다는 생각이 들었다. P가 소개했던 법무사는 '그게 우

부딪
히다

리가 하는 일'이라던 자신의 말처럼 성실히 일하고 있었기 때문이다. XX단체 소유의 땅을 우리에게 판다고 결의한 총회회의록, 연락이 되지 않아 회원 자격이 상실되었음에도 자격을 유지하고 있는 이들을 제명한다는 서류, 현재 그 단체 회원임을 입증하는 서류 등등이 마련되었으니 하루 이틀 내로 접수만 하면 끝이었다. 임의단체여서 조직화되어 있지 않은 부분들을 법무사가 알아서 추슬러준 것이었다. 바야흐로 봄이 오고 있는 중이었다.

나른함에 빠졌던 나는 문득 하우징쿱 사무국장이 생각났다. 사무국장이 있었다면 축구장 6개를 합친 규모라는 오늘의 이 박람회에도 와서 함께 감탄하며 히히덕거리기도 했을 것이기 때문이다. 어쩌면 그렇게 까맣게 잊고 있었을까? 사무국장은 우리 모임에 왜 안 나오느냐고 이사장에게 물었던 일이 떠올랐다. 제가 나오지 말라고 했습니다. 대신 제가 나오잖아요, 이사장은 그렇게 대답했다. 그 후로 사무국장의 모습은 지금껏 볼 수 없었고, 묵은 상처를 드러낼까 저어되어 이사장에게는 더 물을 염도 내지 못하고 있었다. 또 우리의 상황이 무척 바쁘게 돌아가니 진지하게 앉아 물을 새도 없었다. 비슷한 감정이고 처지인지 사무국장의 문제에 대해서 그토록 열변을 토하던 K 역시 입을 다물고 있었다.

"와, 저 옛날 대문 좀 봐!"
내가 온돌마루를 취급하는 관을 지나다 말고 소리쳤다. 오래된 목재들이 세워져 있는 가운데에 어린 시절에나 보았을 법한 대문이

문고리도 그대로 단 채 놓여 있었다.

"정말 좋네요."

나의 말에 누군가가 대답했다. 돌아보니 L이었다.

"언제 오셨어요?"

"지금 막 왔어요. 난 이런 것으로 마루를 깔고 싶었는데. 천장도 나무로 대고."

L이 앞에 뉘어져 있는 오래된 나무를 쓰다듬으며 말했다.

"그래요? 저도요. 그리고 전 저 대문도 탐나네요. 집 현관문을 다들 똑같이 하지 말고 저런 것으로 개성 있게 해도 좋을 텐데. 근데 그렇게 하려면 가격이 만만치 않겠죠?"

"비싸죠."

이야기를 나누던 나는 저 멀리 앞서가는 사람들을 발견했다. 또다시 L과 함께 헐레벌떡 그 뒤를 따라갔다.

사람들과 더불어 앞서거니 뒤서거니 도착한 곳은 대문과 방문을 전시한 곳이었다. 문짝들이 일렬로 늘어서 있어서일까? 내게는 다 비슷하게 보일 뿐 좋다는 느낌으로 와 닿는 게 없었다.

그곳을 빠져나와 들어간 곳은 창호관이었다. 우리가 한다는 시스템 창호의 모습을 직접 확인할 수 있는 자리였다. 이중미닫이 창호만 주로 보아온 터라 위나 아래만 열리게 할 수도 있고 여닫이나 미닫이로도 열 수 있는 창호의 다양함과 고급스러움에 감탄이 나왔다. 하지만 똑같은 것만 계속 보고 있으려니 답답했다. 그래서 어슬렁어슬렁 내부의 다른 곳을 보러 다니다가 문득 발견한 것이 있었으니 바로 한

식 시스템 창호였다. 들창과 보통 창의 앙증맞은 문고리들, 긴 창의
다양한 문양과 그에 어울리는 문고리들, 양쪽 여닫이문과 한쪽 여닫
이문, 맨 안쪽에 흰 창호지를 바른 문 등 그 화려함과 아름다움에 가
슴이 다 벌렁거렸다.

나는 그대로 뛰어나가 아직도 사람들과 함께 머물러 있는 남편
의 손을 잡아끌었다.

"어때?"

남편이 한식 창호들을 둘러보며 대답했다.

"괜찮네. 근데 가격이 너무 비싸."

"그래도…… 우리 저걸로 한다고 할까?"

"글쎄……."

"좋잖아!"

나는 다시 눈앞의 한식 창호에 빠져들어 보고 또 봤다. 처음부터
모든 방문은 한식으로 할 생각이었는데 창문까지 한식이 있다니 기
절할 정도로 좋았다. 한옥이 아니어도 잘 어울리도록 나온 것은 물론
시스템 창호라 난방 걱정 또한 없을 것 같았다.

아픈 다리를 이끌고 관들이 늘어선 골목을 더 걷다가 그 다음 멈
춘 곳은 우리 부엌 인테리어를 맡기로 한 업체의 관이었다. 사람들을
뚫고 구경하던 중 마침 마음에 드는 것을 발견하고 꼼꼼히 살펴보았
다. 우아했고 수입제라고 했다. 좀 비싸더라도 부엌만큼은 꼭 그것
으로 하리라 마음먹었다. 이곳에 온 후 두 번째로 내린 결정이었다.

부엌에서 거실로 이어지는 공간을
카페 분위기로 만들고 싶었던 203
호는 아일랜드 부엌을 만들었다.
손님이 왔을 때도 주로 이곳을 사
용하는데 다양한 용도로 쓸 수 있
는 게 장점이다.
203호 부엌(위), 거실(아래)

부딪
히 다

1 301호는 거실에 세 개의 창이 나란히 붙어 있다. 들
　어서면 창밖 풍경이 파노라마처럼 스쳐가서 감탄을
　자아낸다.
2 301호는 책이 많아 하나의 넓은 공간이었던 복층을
　두 칸으로 나누었다. 좌측은 작업실이고 우측은 보
　조 작업실이다. 주로 책을 읽는 보조 작업실은 손님
　방으로 쓰기도 한다.

3 302호는 거실 옆 공간을 서재로 만들고 접이문을 달았다. 평상시에는 열어놓고 지내므로 거실이 넓어 보인다.
접이문이 유리이므로 문을 닫았을 때에도 별로 좁다는 느낌은 없다.

부딪
히다

1　303호는 송림을 볼 수 있는 거실 맞은편에 슬라이딩문을 단 방을 만들었
　　다. 평상시에는 열어두고 넓게 사용하지만 지인들이 오면 문을 닫아 모임
　　방으로 사용한다.
2　401호는 거실 맞은편에 책장을 이용하여 서재를 꾸몄다. 문을 달지 않은
　　까닭에 부엌과 더불어서 집이 한층 넓고 시원해 보이게 만든다.
3, 4　402호는 나무들이 무성한 부엌 창 앞에 책상을 두었다. 혼자 있을 때는
　　사색에 잠기기 좋은 공간이다.

부딪
히다

토지등기권리증

○ "토지등기권리증부터 나누어드리겠습니다."

R이 모임을 시작하자마자 봉투를 꺼내며 말했다. 우리는 감격에 겨워 탄성을 질렀다. 그러나 막상 받아들고 보니 허무하기 짝이 없었다. 땅과 건물 필지별로 한 장씩의 서류가 전부였기 때문이다.

그럼 무엇을 더 바랐나? 그 땅과 건물에 대한 권리가 있다는 것 외에 무엇이 더 필요한가?

중얼거리며 세 장의 서류를 계속 뒤적거리고 있는데 서류 한가운데에 붙은 보안스티커가 강렬하게 눈에 들어왔다. 그 위에는 빨간 글씨로 '경고'라고 써놓은 후 '권리자 본인의 허락 없이 이 스티커를 떼어내거나 일련번호 또는 비밀번호를 알아낼 경우 관계 법령에 따라 민, 형사상의 책임을 질 수 있습니다'라고 써놓았다. 종이 한 장만 덜렁 있는 데다 그것만 유독 눈에 들어오니 가려진 그 안이 궁금해 미칠 지경이었다.

나는 형광등 불빛을 받아 번쩍거리는 스티커를 손가락으로 살살 문질러보았다. 티 안 나게 아주 살짝 떼어볼까 말까 망설이고 있는데 P의 목소리가 들렸다.

"샘, 떼지 말라고 써 있잖아요!"

화들짝 놀란 나는 얼른 뒤를 돌아보았다. 그런데 P 옆에 앉은 O가 스티커를 반쯤 열어 안을 들여다보고 있잖은가?

"내 것 내가 보는데 뭐 어때?"

O가 말했다.

"그래도 안 돼요. 다시 붙이면 스티커가 잘 안 붙을 수도 있잖아요."

P가 다시 말했고 그들 뒷자리에 앉아 있던 T도 끼어들었다.

"얼른 덮어. 그리고 무거운 걸 올려서 꾹 눌러놔."

T의 말을 들은 O는 그때서야 정말 큰일 났다는 표정을 지었다. 곧 T의 말대로 살그머니 스티커를 덮고는 책 한 권을 그 위에 올렸다. 너도나도 그 꼴을 바라보고 있던 사람들 입에서 웃음이 터졌다.

스티커 떼어 보기를 포기한 나는 서류를 가방에 넣었다. 이제 땅과 관련해서는 XX단체가 점유하고 있던 구유지를 우리 것으로 만드는 일이 남아 있었다. 구청과는 이미 오래전부터 얘기가 되고 있었고 감정평가서까지 나왔으니 복잡할 게 없었다. 담당자와 만나서 바로 땅을 매입하고 소유권이전등기만 하면 되었다. 둘 다 합쳐서 155평으로 우리 여덟 가구의 집과 상가가 들어설 자리였다.

부딪
히다

기공식

● 날씨가 맑았다. 마당가에는 앵두꽃이 흐드러지게 피어 있었고 나무들도 피어난 지 얼마 안 된 잎들을 가지마다 환하게 펼쳐들었다. 담장가 상록수도 질 수 없다는 듯 얼굴을 반짝였다.

마당이 이렇게 넓었구나!

나는 봄 햇살이 화사하게 쏟아지는 마당 안을 둘러보며 감탄했다. 아직 철거되지 않은 낡은 집 앞으로는 시삽식에 쓸 모래가 쌓여 있고 가건물이 있던 자리에는 고사상이 마련돼 있었다. 가건물을 철거한 탓인지 계절 탓인지 지난여름에 왔을 때보다 집터가 훨씬 안정감 있고 좋아 보였다.

"자, 그럼 지금부터 구름정원사람들 주택 기공식을 시작하겠습니다."

집례를 맡은 K의 목소리가 마이크를 통해 흘러나왔다. 조합원들이 차례로 나서서 초에 불을 붙였다. 이어서는 이사장을 맡고 있는 L이 재차 나아가 향불을 피우고 재배했다.

그것을 바라보던 내 머릿속에는 수많은 일들이 스치고 지나갔다. 집 짓는 데 참여하겠다며 이곳을 처음 방문했던 일, 막상 가계약을 하자고 하니 반이나 떨어져나가던 가구들, 어렵게 다시 여덟 가구가 모인 일, 그 여덟 가구와 함께 진행해온 토지소유권이전등기…… 이제야 집을 짓게 되는구나 싶은 게 만감이 교차했다.

"다음으로는 H님이 축문 낭독을 하겠습니다."

감상에 젖는 것도 잠깐, 내 이름이 호명되자 나는 정신을 수습하며 고사상 앞으로 나갔다. Q가 쓴 고사축문을 읽기 시작했다.

유 세차 갑오년 4월 5일, 꽃들이 만발한 아름다운 날을 택하여 구름정원사람들협동조합은 하늘과 땅을 돌보고 만물을 두루 굽어 살피시는 천지신명께 아뢰나이다. 북한산 줄기로 둘러싸인 아늑한 분지이며 서울에서 가장 아름다운 동네인 은평구 불광동 25-3 외 2필지에 저희들이 '구름정원사람들' 주택을 짓고자 하옵니다.

구름정원사람들협동조합은 돈으로만 살 수 있는 찰나적 관계를 넘어 상호호혜와 소통이 있는 이웃, 노후까지 정붙이고 살 수 있는 이웃, 내 것은 작아도 함께하는 것이 풍요로운 주거환경을 공유하기 위해 만들어졌나이다.

이 솔향 가득한 터를 내놓으신 L샘 가족과 교육·출판·의료·실버 사업 등 다양한 직업에 종사하는 우리 조합원 가족은, 그동안 이 공유주택의 뜻을 실현하기 위해 땅을 사고 각 가정의 구성원 수와 생활 방식과 취향에 맞는 집도 설계하였나이다.

같이 모여 고민하고 공부하고 결정해오는 과정에 파란만장한 사연도 많았고 꿈이 깨질 뻔한 위기도 있었나이다. 그러나 마음을 열어 서로 돕고 자신을 돌아보며 남을 이해하는 가운데 이를 극복할 수 있었나이다.

부딪
히다

우리는 이 소중한 경험을 바탕으로 가족을 넘어 마을로, 지역사회로 관계의 품을 넓혀가려고 하옵니다.

하늘이시여!

우리의 이 마음을 받아주시어 공사 중 청명하게 해주시고 주택을 짓는 하우징쿱주택협동조합 · 인터커드 건축사사무소 · 공정건설을 돌보셔서 서로 잘 화합하도록 해주소서.

땅이시여!

우리의 이 열정을 받아주시어 공사에 참여하는 종사자들을 돌보시고 준공까지 단 한 건의 사고 없이 일이 진행되도록 도와주소서. 또한 그 가족들도 건강한 생활을 영위할 수 있게 해주소서.

북한산 산신령이시여!

모쪼록 북한산의 좋은 정기 내려주시어 여러 사람의 땀과 정성으로 이루어지는 이 공사에 지혜가 봄날 아지랑이같이 일어나도록 해주시옵소서.

하여 앞으로 이 주택에 입주하게 될 여덟 가구와 주변 이웃, 지역사회가 협동조합의 가치 안에서 더욱 행복하게 될 수 있기를 엎드려 바라옵나이다.

여기 간소하나마 저희들이 정성을 다해 맑은 술과 떡과 안주를 마련했나이다. 만물을 굽어 살피시는 천지신명이시여! 부디 오셔서 흠향하시고 저희들의 기원을 들어주소서.

상향

이어서는 조합원 가구 대표들이 고사상 앞으로 나가 잔을 올리고 재배했다. 그 후에는 그들이 다시 함께 나란히 둘러서서 재배하는 순서였다.

외부 인사들도 축사를 하고 헌주하기 시작했다. 그것이 끝난 뒤에는 리본 커팅식도 이어졌고 쌓아놓은 모래를 뜨는 시삽식도 진행됐다.

넓은 마당에 깔린 돗자리 위에 사람들이 하나둘 자리를 잡았다. 머릿고기와 떡이 숭덩숭덩 썰리고 김치, 새우젓, 마늘, 고추가 접시에 담겼다. 눈 깜짝할 사이에 손님들 상 위에는 김이 나는 음식들과 막걸리가 놓여졌다.

"이제 얼추 되었으니 좀 드시면서 하세요."

P가 새우젓에 찍은 머릿고기를 내 입에 넣어주며 말했다.

"H샘, 고생했어. 이럴 땐 한잔하면서 하는 거야."

O도 막걸리 병을 들고 와 잔에 따랐다. 바쁘게 머릿고기를 썰어대던 나는 그제야 장갑을 벗은 후 막걸리를 한 모금 마셨다. 내 손으로 썬 고기도 마늘과 고추를 넣어서 다시 입으로 가져갔다. 입속에서는 고기가 사르르 녹고 머릿속에서는 동네잔치가 벌어질 때마다 아주머니들이 부엌을 꿰차고 앉아 하하호호거리던 어린 시절의 장면들이 지나갔다. 시대가 바뀌어 그리할 기회 없이 살아왔지만, 이런 때를 맞아 그 자리에 있고 보니 감개가 무량했다. 나들이라도 하듯 깨끗한 옷으로 갈아입고 축하하러 온 동네 사람들을 발견했을 때는 울컥 눈시울까지 뜨거워졌고 딸 생각이 났다. 회사에 취직도 하고 얘기

131

된 대로 서울에다 방을 얻어 살고 있었다. 회사만 아니라면 억지로라도 끌고 와 이 자리에 참석토록 했을 텐데, 이렇게 살아가는 사람들의 모습도 보고 어린 시절 내가 그랬듯 그중의 일원이 될 수도 있었을 텐데 싶어서 안타까웠다.

나는 사람들과 잔을 부딪쳐가며 이런저런 생각을 하다 말고 눈길을 뚝 멈추었다. 계절에 어울리는 화사한 스카프를 목에 두른 낯익은 이가 시야에 성큼 들어왔기 때문이다. 하우징쿱 사무국장이었다. 반가움이 와락 몰려들었다. 기공식에 꼭 오라는 전화 한 통 하지 못했다는 사실이 그제야 생각났다. 반가운 마음만큼이나 미안한 마음이 무겁게 가슴을 눌렀다.

어떻게 이런 일이!

나는 뒤통수를 치며 사무국장 곁으로 급히 다가갔다. 서로 인사를 나누었지만 생각과는 다르게 어색함이 흘렀다. 그 사이를 비집고 어떤 이가 뭔가를 물어왔다. 얼른 대답을 하고 나서 사무국장을 다시 바라보았다.

"사무국장님, 우리 행사 끝나고 산에 가기로 했는데 같이 가요."

"제가 약속이 있어서요……."

사무국장이 미소를 머금으며 대답했다. 그러나 우리를 향해 있던 이전의 열정은 남아 있지 않은 텅 빈 듯한 얼굴이었다.

"네, 그래요?"

나는 그렇게밖에 말할 수 없었다. 이제 사무국장이 우리와의 관계에서 완전히 떠난 거구나 하는 생각이 든 것도 그때였다. 말로 다 설명할 수 없는 사연들, 거기서 파생되는 감정들, 그리고 설명할 수 있다 해도 설명할 수 없는 상태의 관계들…… 그 미소 아래 그런 것들이 복잡하게 얽혀 있으리라 여겨지니 씁쓸하기 짝이 없었다.

그래도 시간은 흐르고 그 시간 속에 인간의 행위는 있는 법. 나는 곧 자리로 돌아와 떡이며 막걸리도 더 먹고 담소도 나누었다. 얼마 후에는 R-1, P와 함께 떡바구니를 챙겨들었다. 공사를 앞두고 있으니 이웃이 될 사람들에게 인사라도 하기 위해서였다.

집집마다 돌며 그럭저럭 인사를 주고받다 어느 다세대주택에 들렀을 때였다.

"요 옆에다 집 지을 사람들인데요. 오늘 기공식이어서 떡 좀 가져왔습니다. 공사에 들어가면 많이 시끄러울 테니 양해 부탁하겠습니다."

R-1이 그 말을 하자 집 안에서 나온 여자가 떡을 받아 들며 대꾸했다.

"하이타이라도 가져다주면서 말해야지, 이거 가지고 되겠어?"

여자의 말에 당황한 우리는 대꾸할 말을 찾지 못한 채 잠깐 서 있었다. 곧 우리 앞의 문도 닫혔다.

농담이라기엔 뼈대가 너무 굵군. 진담이라기엔 심하게 속이 들여다보이고. 그렇다고 이제 와서 다시 문을 두드리고 '미처 생각을 못했다, 약소해서 죄송하다'고 할 수도 없잖아? 그런데, 처음 본 사람에게 그런 식으로 농담을 하는 사람도 있나? 그렇다면 진담?

"뭐야?"

부딪
히다

계단을 한 층 다 내려갔을 때 R-1이 위층을 올려다보며 중얼거렸다.

"그러게요."

P가 조용히 대꾸했다.

소박하게 축하해주러 온 동네 사람이 있는가 하면 저렇게 무언가를 바라는 동네 사람도 있구나!

나도 R-1과 P처럼 위층을 올려다보며 생각했다. 감상에 젖어 모든 것이 좋고 긍정적으로 보이기만 하던 내 마음에 그녀의 말은 이미 현실을 일깨우는 회초리가 되어 있었다. 좋은 뜻을 품고 있다고 해서 꿈만 먹고 살아갈 수 없는 것처럼 우리 앞에 펼쳐질 미래 역시 안팎으로 그와 유사한 두 가지 이상이 늘 함께하리란 생각이 새삼 들었다.

"유 세차 갑오년 4월 5일, 북한산 줄기로 둘러싸인 아늑한 분지이며
서울에서 가장 아름다운 동네인 은평구 불광동 25-3 외 2필지에
저희들이 '구름정원사람들' 주택을 짓고자 하옵니다."

부딪
히다

"우리의 경우와는 다르지만 뒤늦게 집 구조를 바꾼 사람들이 생각났다.
그들의 심정도 지금의 나와 같을까?
아니. 나보다 훨씬 더 즐겁고 행복했으리라.
자신이 원하는 대로 집 구조를 만들 수 있었으니까. "

흘러
가다

4

꽃샘바람

○ 　"부엌이 여자들의 자존심이라고 하는데, 너무 작습니다."

앞에 나간 이사장이 입을 열었다.

건축가가 있는데 왜 이사장이 설계 얘기를 하는 거지?

나는 이사장의 얼굴과 설계도가 펼쳐진 화면을 번갈아 보며 의
아해했다.

"특히 여기 3호를 보세요. 여기가 제일 작은데, 라면 끓여 먹을
정도밖에 안 돼요."

라면 끓여 먹을 정도의 부엌이라는 이사장의 말에 충격을 받은
나는 방금 전의 생각을 잊고 불안한 눈길을 했다. 3호면 우리 집이기
때문이었다. 도대체 얼마나 작기에 저런 말을 하는지 화면에 떠 있는
설계도만으로는 감이 잡히지 않았다.

"다른 호수를 또 보지요. 여기는 좀 나은데요."

이사장이 다른 집 설계도를 펼쳤다. 그것도 열심히 보았지만 나
는 역시 그 크기를 짐작할 수 없었다. 난망한 일이었다.

이사장은 건설업자야. 일반 사람들과 달리 설계도를 보면 공간
크기를 바로 알 수 있을 거야. 한데 우리 부엌이 라면 끓여 먹을 부
엌이라니!

머릿속으로 내가 작업실로 쓰고 있는 원룸 부엌이 떠올랐다. 가
스대가 있고 그 옆으로 작은 작업대, 설거지통, 작은 작업대가 이어

져 있는 구조였다. 옹색하긴 하지만 그런대로 웬만한 일은 소화할
수 있었다. 옆방에는 노부부가 살림을 하고 있기도 했다. 우리 부엌
이 아무리 작게 설계되었다 해도 가정집이니 그보다는 크지 않겠는
가 짐작을 했다.

"그래서 여러모로 생각해봤는데요. 다용도실을 없애고 그 공간까
지 부엌을 놓았으면 해요. 세탁기나 냉장고는 부엌에다 붙박이로 하
고요. 또 3층 설계도를 보시면…… 여기에 자투리 공간이 있습니다.
이곳에다 각 세대 보일러를 모두 올리는 거지요. 그러면 다용도실에
넣으려던 것들이 다 해결됩니다."

부엌 크기에만 몰두해 있던 나는 보일러를 둘 데도 있고 세탁기
와 냉장고도 해결된다는 이사장의 말에 귀가 번쩍 뜨였다. 그대로만
된다면 다용도실이 부엌이 될 것이니 작은 것은 분명한 부엌 크기가
커진다는 얘기였기 때문이다. 한 평이 아쉬운 상태였던지라 만세라
도 부르고 싶은 심정이었다.

"물론 부엌이 작은 것은 사실입니다!"

그때 가만히 앉아 이야기를 듣고 있던 건축가가 입을 열었다. 이
사장의 이야기를 듣는 사이 그 존재를 까맣게 잊고 있던 나는 무척
당황한 눈길로 건축가를 바라보았다. 건축가가 던진 첫 마디로 보아
아무래도 이사장은 건축가와 상의해서 이야기를 하는 게 아니라는
생각이 들었던 탓이다.

"그리고 보일러를 자투리 공간으로 뺀다는 안은 참 좋은 생각입
니다. 그러나 부엌은 다릅니다. 붙박이로 하기 위해 쓰던 세탁기나

흘러
가다

냉장고를 버리고 다시 사라고 할 수는 없기 때문입니다. 더불어서 다용도실을 없애느냐 두느냐의 문제는 부엌이 넓어지느냐 아니냐와 하등 상관이 없습니다. 세탁기나 김치냉장고를 다용도실 안에 둘 것이냐 부엌에다 내놓을 것이냐의 차이일 테니까요. 또한 그렇게 가끔씩 쓰는 김치냉장고와 세탁기가 부엌으로 나올 경우, 부엌이 오히려 지저분해질 수 있습니다. 부엌에 두기 뭣한 것들을 놓을 마땅한 자리도 없어지게 되는 셈이고요."

건축가의 말이 이어졌다.

그렇구나. 얘기되지 않은 거구나. 그걸 이사장은 건축가와 우리들 앞에서 말했던 거구나. 저렇게 하면 건축가와 불협화음이 일어날 텐데?

나는 건축가의 말에 타당성이 있는지 없는지 따져볼 새도 없이 그 걱정을 했다. 일반인보다 설계를 잘 아는 사람으로서 의견 개진하는 형식을 취하지 않고 왜 직접 나서는가 싶어졌다.

부엌이 그렇게 좁아서는 안 된다는 말을 쏟아놓던 사람들이 갑자기 입을 다물었다. 어떻게 해야 할지 몰라 나도 가만히 있었다. 그때 이사장이 다시 말을 꺼냈다.

"다들 뭐 살림살이를 바꾸기도 하고 그럴 거 아닙니까? 이 김에 거기에 맞춰서 붙박이로 하면 되는 거지요."

"물론, 여러 가지 문제가 있음에도 건축주들이 모두 그걸 원한다면 그렇게 할 수는 있습니다!"

감정을 담지 않은 듯 조용히 이어지던 건축가의 말에 날이 살짝

섰다.

"어쨌든 부엌은 좁습니다. 그러니 건축주들도 그렇고 다 같이 생각을 해보는 걸로 하지요. 그리고 건축비가 자꾸 늘어나고 있으니 지하창고는 만들지 않는 게 좋겠다는 생각입니다. 건축가하고 저희들이 따로 모여서 이런 것들을 다시 협의하는 것으로 하겠습니다. 그러니 이 문제는 다음에 한 번 더 얘기하는 걸로 하지요. 그리고 나서 저희 시공사에서도 전체 자금에 대한 상세한 보고를 하도록 하겠습니다."

이사장이 이야기를 마무리했다.

기본 설계의 완성

○ "각 세대 다용도실에 설치했던 보일러를 전용공간에 모아서 설치하도록 하겠습니다. 그런데 보일러가 하향식으로 작동되면 기계 손상이 쉽게 가서 수명이 짧아지는 문제점이 있습니다. 그래서 3, 4층 세대는 전에 얘기됐던 3층 자투리 공간에 설치하고 2층 세대는 1층에 다 공간을 따로 만들어서 설치하는 것으로 하겠습니다."

건축가가 화면에 띄운 설계도를 보며 설명을 시작했다. 이사장의 말대로 각 가구의 보일러를 따로 모으되 두 군데에 나눠 설치한

141

흘러
가다

다는 얘기였다.

잘됐어. 보일러가 따로 빠지면 부엌이 그만큼 넓어진다는 얘기잖아? 세상에, 라면 끓여 먹을 정도의 부엌이라니 말도 안 되지.

나는 아파트에서 쓰고 있는 보일러실을 떠올리며 희희낙락했다. 커지는 부엌 공간의 크기가 얼마큼 되는지는 여전히 짐작할 수 없었지만 말만으로도 당장 운동장만 한 부엌이 눈앞에 떡하니 생기는 것 같았다.

그럼 부엌 내부 설계는? 이사장 말대로 부엌에다 냉장고와 세탁기를 넣는다는 건가?

나는 그 생각이 나서 다시 화면을 쳐다보았다. 화면 옆에서는 건축가가 설명을 계속 이어나가고 있었다. 근린시설의 15평을 빼서 각 세대가 창고를 더 넓게 사용할 수 있도록 이번에 설계를 고쳤노라고 했다. 베란다를 없애기로 한 데다 부엌에는 다용도실도 두지 않을 것이기 때문이라고 이유를 설명했다.

나는 건축가의 얼굴에 잔잔히 흐르는 미소를 보며 안심했다. 건축가가 뜻을 접었다는 얘기지만 이사장과 큰 문제는 없어 보여서였다. 생각의 끈도 바로 우리 문제인 다용도실로 옮겨갔다.

베란다도 없는데 다용도실도 없는 부엌이라…… 정말 다용도실을 없애도 되는 걸까? 부엌을 쓰다보면 보이지 않게 놓고 싶은 것들이 자꾸 생기는 법인데.

부엌이 넓어진다고 좋아했던 처음과 달리 금세 마음이 편칠 않았다. 당장 떠오른 게 쓰레기였는데 아무리 궁리해도 놓아둘 데가 떠오르지 않았다. 특히 냄새나는 음식물 쓰레기는 난제 중의 난제였다. 부엌과 베란다로 나누어 처리해오던 것들이 하나둘 떠오르니 김치냉장고도 생각났다. 좁아서 부엌에는 둘 데가 없었기 때문이다.

"저기요, 질문이 있는데요. 그럼 음식물 쓰레기는 어디에 둡니까?"

나의 말에 자리에 앉아 있던 이사장이 얼른 대답했다.

"그런 건 즉시즉시 버리면 되죠."

이사장의 말에 사람들이 깔깔깔 웃었다.

그런 건가? 내가 게을러서 며칠에 한 번씩 버리나?

"그럼 김치냉장고는 어디에 두죠?"

나는 다시 질문을 했다. 이번에는 건축가가 대답했다.

"전에도 얘기했다시피 그건 비교적 공간 여유가 있는 3층 보일러실에 두면 될 것 같습니다."

"저희 집은 거기에 식재료들을 넣어두고 쓰는데 집 밖에 있으면 불편하지 않을까요?"

"네, 다소 불편하실 겁니다. 하지만 설계가 이렇게밖에 될 수 없는 것은 제 의도와 달리 각 세대에서 하나같이 방 세 개를 원했기 때문입니다. 지금이라도 방을 두 개로 한다면 얼마든지 넓은 부엌을 만들어드릴 수 있습니다. 공간이 한정돼 있는 만큼 뭐든 다 할 수 있는 것은 아니라는 점을 이해해주셨으면 합니다."

그게 또 그렇게 되나?

나는 아파오는 머리를 벅벅 긁었다. 다른 집은 몰라도 우리 집은 안방, 딸방, 작업실 해서 방 세 개가 꼭 필요했다. 애가 현재는 나가

143

살지만 집을 다 짓고 나면 들어와서 살겠다고 할 수도 있기 때문이었다. 이후 결혼을 한다고 해도 여전히 그 문제는 남았다. 부모 집이라고 왔을 때 편안하게 머물다 갈 방 하나는 내주어야 할 게 아닌가? 자식을 위해 그것조차 할 수 없다면 부모로서 너무나 슬픈 일이었다. 욕심인 걸까? 아니면 그런 식의 사고 자체가 관성인 걸까?

"이렇게 해서 1차적인 기본 설계는 완성되었습니다. 이것을 근거로 허가 도서 준비를 완료한 후 구청에 접수하게 될 겁니다. 그리고 앞으로는 각 세대와 공용 공간들의 세부 디자인이 진행될 텐데요, 미진한 점은 그때 다시 얘기해도 되니 너무 걱정하지 마세요. 이제 설계의 반이 진행되었다고 생각하시면 맘이 편하실 겁니다."

우울한 마음으로 건축가의 이야기를 듣던 나는 안도했다. 아직 더 고민하고 얘기할 기회가 있다는 것만으로도 고마운 일이었다. 이런 과정을 충분히 거친다 해도 건물을 짓고 나면 금방 후회할 일이 생길지 모르는 탓이었다.

이게 설계의 끝이 아니라는 생각 때문일까? 소행주에서 본 부엌 모습도 이내 떠올랐다. 그곳이야말로 대부분 평수가 작아서 냉장고와 세탁기를 붙박이 한 작은 부엌들뿐이었다. 한 아일랜드 부엌 앞에서 여주인을 만나게 되었을 때 부엌이 작은데 불편하지 않느냐고 물어보았다. 그녀는 "그래도 넣을 것은 다 넣고 산다"며 빙그레 웃기까지 했다.

그래 다 그런 거지 뭐. 원룸인 내 작업실 옆방에서도 살림을 하는데 뭐. 이거야말로 관성이지, 관성.

그녀의 웃는 모습이 떠오르니 불안하고 무겁던 마음도 한결 풀어
졌다. 어쨌든 건물을 많이 지어본 이사장과 설계를 많이 해본 건축
가가 합의해서 제시한 부엌 공간 설계 아닌가? 더구나 우리 집은 아
무리 따져봐도 방 하나를 없앨 수는 없었다. 그렇다면 현재로선 이
게 최선이었다.

203호 부엌.

흘러
가다

실내 디자인과 가구 배치

○   나는 제법 익숙해진 우리 집 식당층 설계도를 골똘히 들여다보았다. 이제는 가구 배치할 곳을 정해줘야 조명기구며 TV선 등 전기 관련 배선을 설계할 수 있어서였다.

우선 부엌 옆 거실에 건축가가 그려놓은 소파의 위치는 창문 아래였고 TV의 위치는 그 맞은편인 복도 벽이었다. 부엌에서 밥을 먹고 거실의 소파로 가서 휴식을 취한다는 동선을 고려하면 최적이었지만 이것이 과연 카페 분위기를 낼 수 있는가 의문이었다. 아무래도 부엌과 거실이 이어지는 방향인 방벽 쪽에 TV를 놓는 것이 좋을 것 같았다.

"가구 위치 정해줘야 하잖아. TV 위치 어때 보여?"

내가 남편 앞으로 설계도를 내밀었다. 신문에서 고개를 돌린 남편이 설계도를 바라봤다.

"글쎄, 복도 벽이지만 TV가 많이 튀어나오는 건 아니니까 괜찮은 것 같기도 하고 또 어찌 보면 뭔가 어색하고 이상한 것 같기도 하고 그러네?"

"나도 감이 잘 안 오는데. 왜 창문을 등지고 앉아서 벽을 바라봐야 하나 싶어. 바깥 풍경도 좋은데. 근데 그게 우리 집만 그런 게 아냐. 다른 집들도 모두 창문 밑에 소파를 그려놓았더라고."

내가 다른 집들의 평면도를 펼쳤다. 한 장씩 넘어갈 때마다 유심히 바라보던 남편이 주택8호 평면도가 지나자 고개를 갸웃거렸다.

"왜 이렇게 생각했을까? 정말 좀 낯선 배치도네. 복도식이다 보니 거실 벽이 하나밖에 안 나와서인가? 암튼, 우리 집 같은 경우는 다른 집과 좀 다른 구조니까 복도 벽이 싫으면 방벽 쪽에 놓으면 돼."

"그럼 일단 우리는 방벽 쪽으로 TV를 놓는 것으로 하고 TV나 인터넷 선을 그쪽으로 빼달라고 해야겠네."

"인터넷 선이라고? 뭐 더 의논할 것도 없이 방벽 쪽이네. 집 안으로 들어올 때도 그렇고 집 안에서 다닐 때도 그렇고 걸어 다니는 길목에다 컴퓨터를 놓고 앉아 있을 수는 없잖아."

"그러게."

나는 고개를 주억거렸다. 내 입으로 인터넷 선을 얘기하면서도 전혀 떠오르지 않았던 문제였다. 역시 하나보다는 둘이 낫고 둘보다는 셋이 나은 게 인간인 모양이었다. 머릿속으로는 곧 부엌에서 시작돼 거실로 이어지는 공간의 모습이 그려졌다. 작은 정사각형이 비스듬히 창 쪽으로 붙어 있는 듯한 부엌의 모습이 여전히 맘에 들지 않았지만 거실 문제라도 제대로 풀어낸 것 같아 뿌듯해졌다. 카페 분위기를 내려면 방벽 쪽을 이용해야 하지 않을까 싶던 내 생각과도 잘 맞아떨어지는 결론이었다.

한 층 위인 복층의 경우는 복도 끝에 화장실이 붙어 있고 복도 앞으로 방 두 개가 나란히 붙어 있는 단순한 구조여서 오래 고민하고 말고 할 것도 없었다. 그동안 얘기했던 대로 작업실 왼쪽 벽에는 새로 책장을 짜서 넣을 것이고 복도 벽에는 쓰던 책장을 그대로 가져다 놓을 것이었다.

흘러
가다

작업실에서 일하다가 커피를 마시고 싶을 때는 어떻게 해야 하지? 그때마다 아래층으로 내려가서 타가지고 올라와야 하는 건가?

복층 구조를 대충 살펴보던 내 머릿속에는 그 생각이 퍼뜩 스쳐 갔다. 그래서 남편을 보고 그대로 물었다. 남편이 고개를 끄덕이며 대답했다.

"중요한 지적이네. 여기 위층에도 간이개수대가 있어야 되겠어. 그런데 그럴만한 공간이 있을까?"

나는 비교적 넓어 보이는 화장실을 가리켰다.

"다른 데는 손댈 곳이 없으니 화장실을 줄여야지. 샤워실을 없애고 그 공간을 빼서라도 만들어달라고 해야지 뭐. 종일 여기서 지내게 될 테니까."

"음…… 그건 그렇게 한다 치고, 작업실에 책상 위치는 어디로 할 거야?"

"글쎄."

다시 복층 설계도를 들여다보았다. 건축가가 제시한 책상 위치는 왼쪽 벽이었다. 책장을 짜서 왼쪽 벽에 놓을 때 책상이 거기에 붙는 것으로 하면 어떠냐고 했다. 아직 실물을 본 적이 없어서 나는 어떤 결정도 내리지 못하고 있는 상태였다.

"그것도 얼른 결정해야 돼. 책상 위에 전등이 달려야 하니까."

"응."

나는 책상의 위치를 이리저리 머릿속에 그려보았다. 조만간 가구점엘 나가봐야겠다는 생각이 들었다.

203호 작업실(위), 거실(아래).

149

1 구름정원 201호 서재.
2 구름정원 202호 기도실.
3 구름정원 302호 서재.

4 구름정원 401호 서재.
5 구름정원 402호 아이 방.

151

흘러
가다

햇빛발전

우리 집은 원자력이 아닌 햇빛으로 생산한 전기를 쓰고 산다!

누군가에게 그렇게 말할 수 있다면 얼마나 뿌듯하고 행복할 것인가? 햇빛발전 설비에 대해 설명하는 D사 직원을 바라보며 나는 미소를 지었다.

"그런데 이 시스템을 설치하려면 가구당 대략 600만 원이 듭니다. 작년에는 에너지관리공단에서 282만 원, 서울시에서 120만 원을 지원받았는데 올해부터는 통합해서 282만 원만 지원이 됩니다."

지원금이 줄다니. 그것도 120만 원이나? 그렇다면 개인이 400만 원이나 들여야 한다는 건데 수지가 맞나?

햇빛발전을 하고 살겠노라며 부풀어 있던 나는 곧바로 심란해졌다. 집을 지으려는 우리에게 현재 제시된 자금 계획은 4층 사랑방 신설과 지하 창고가 늘어나면서 건축비가 꽤 상승한 상태였기 때문이다. 더구나 우리 집의 경우는 발코니가 생기기 때문에 다른 가구보다 더 많은 지출이 예정돼 있었다.

"이번에는 이 시설을 통해 생산된 전기가 관리, 운영되는 원리를 말씀드리겠습니다. 방금 말했듯 인버터를 통해 각 가정으로 전기가 공급될 텐데요. 이때 쓰고 남는 전기가 발생합니다. 그러면 그 전기는 전기계량기가 거꾸로 돌면서 한전으로 보내집니다. 그리고 전기를 생산할 수 없는 밤이나 흐린 날에는 전기계량기를 통해 도로 받아서 사용하는 거지요. 그럼 집열판에서 생산한 전기가 적을 때는 어떻게 하느냐? 그때는 일반 가정처럼 한전의 전기를 쓰게 되는 구조입니다. 그래서 전기를 사용하는 데 있어서 불편이 생긴다든지 하는 일이 전혀 없습니다."

나는 조금 전의 자금 근심을 잊고 다시 미소를 지었다. 저런 방법으로 전기를 생산해 쓰는 사람들이 많아지면 위험하기 짝이 없는 원자력발전소는 자연히 쇠퇴할 수밖에 없을 거라는 생각이 들어서였다. 체르노빌도 그렇고 얼마 전 일본에서 생긴 원자력발전소 사고도 그렇고, 대단히 무서운 일이었다.

생각에 잠겼던 나는 갑자기 또 화가 났다. 햇빛은 자연에서 얻는 것이므로 미래 대체 에너지원이라는 것을 정부에서도 잘 알고 있을 것이었다. 우리 또한 그 까닭으로 집을 지으면서 햇빛발전에 참여하겠다고 결정했다. 그런데 왜 기존에 있던 지원금마저 줄였는가 말이다. 제대로 된 정부라면 햇빛발전이 아니더라도 보다 많은 사람들이 자연 에너지를 쓸 수 있도록 조건을 마련하고 유도해야 하는 것 아닌가? 일반인들도 실천하려 애쓰는데 세금으로 나라를 운영하는 정부에서는 도대체 무엇을 하고 있는 것인지 한심하기만 했다. 당장 뛰쳐나가 시위라도 하고 싶은 심정이었다.

"그리고, 지붕에 설치될 집열판은 전기 사용량이 적은 가정에서 많이 쓰이는 3㎾짜리로 설치될 예정입니다. 3㎾면 1년에 월 평균 300㎾의 전기를 생산할 수 있는데요. 이는 가정에서 쓰는 전기료의 80~90%를 절약하게 해주는 양입니다. 집열판의 수명도 20년 이상

흘러
가다

가고요."

　내가 무슨 생각을 하고 앉았든 D사 직원의 설명은 이어졌고 나의 머리는 곧 현실로 돌아왔다. 전기료의 80~90%를 절약할 수 있다면 대단한 것이었기 때문이다. 설치를 해야 할지 말아야 할지 판단이 서지 않았다. 건축가는 구름정원 주택 지붕에 여덟 가구가 쓸 수 있는 집열판을 다 설치할 수 없다고도 했다. 어서 결정을 내려야 한다는 뜻이었다.

　"저희가 지금 여덟 세대인데요. 몇 가구나 설치 가능할까요?"

　R이 D사 직원을 향해 물었다.

　"예, 현재 설계도상으로는 여섯 세대만 설치할 수 있습니다. 자료의 표에서 보시다시피 이것은 전기를 많이 쓰는 가정일수록 요금 절감효과가 큽니다. 그리고 처음에 말했듯 집열판과 인버터 등 초기 설치 비용이 비싼 편입니다. 그러니까 이 두 가지를 기준으로 고민하셔서 설치 여부를 결정하시면 될 것 같습니다."

　계산이 필요하다는 것이로군.

　얘기를 더 듣던 나는 머리부터 지끈거렸다. 그래도 안 할 수 없으니 노트를 펼쳤다. 우리 집 전기료는 한 달에 3만 5천 원가량이었다. 20년이면 840만 원이었다. 840만 원의 20%는 168만 원이고. 다시 햇빛발전을 사용 안 할 시 금액 840만 원에서 햇빛발전을 사용할 시 금액 168만 원을 빼니 672만 원이 남았다. 여기서 다시 햇빛발전 설비비 400만 원을 빼면 272만 원이었다. 20년간 272만 원을 아끼자고 햇빛발전 시설을 설치하는 셈이었다. 별 이득이 없었다. 집 짓는

데 자금 부담이 크니 다달이 전기 절약을 1만 원씩 하는 것을 목표로 생활하는 게 더 나았다. 그렇게 하면 20년 동안 240만 원이라는 돈을 절약할 수 있기 때문이다. 그리고 그것을 통해서도 원자력발전소의 수는 줄일 수 있었다. 물론 햇빛발전도 하고 전기도 아낄 수 있다면 그보다 더 좋은 것도 없을 테지만.

아, 그렇게 왜 지원금을 더 늘리지는 못할망정 줄이고 있느냐고? 짜증 난다고!

계산을 끝낸 내가 투덜거리고 있는데 P가 손을 들었다.

"설비 AS 기간은 어떻게 되나요?"

"5년간 무료로 AS 해줍니다."

D사 직원이 대답했다.

각 가정이 쓰는 전기량을 확인하고 모이기로 한 일주일 후, 우리는 다시 어느 집이 햇빛발전 시설을 설치할 것인가를 놓고 토론을 벌였다. 그러나 말이 토론일 뿐 초기 시설 설치 부담금이 너무 컸던 탓에 정작 신청을 한 가구는 L, O, R, P 네 가구뿐이었다.

구름정원 주택 지붕에 설치된
태양광 집열판의 모습.

흘러
가다

최종 설계안

○   "그럼 각 세대 설계 의견을 다시 듣도록 하겠습니다. 그동안 충분히 논의를 해왔지만 부족한 세대는 건축가 선생님과 의논하시기 바랍니다."

R이 그 말을 하고 자리에 앉자 T가 제일 먼저 손을 들고 일어났다. 건축가가 T의 집 설계도를 펼쳤고 T는 화면 앞으로 나갔다.

"저희 집은 이렇게 3층이 방, 부엌, 방으로 돼 있고 복층인 아래층이 넓은 방으로 돼 있습니다. 그런데 복층을 거실로 쓰라는 선생님 말씀은 아무래도 이상해요. 거실이 방들과 따로 떨어져 있는 경우는 없으니까요. 그리고 살림층인 3층만 따로 생각해봤을 때도 부엌은 부엌으로 쓰일 곳이 아닌 것 같습니다. 현관에 들어서면서 바로 훤히 들여다보이는 위치이기도 하고 부엌만으로 쓰기에는 너무 넓으니까요. 그래서 3층의 방1을 부엌으로 하고 부엌은 거실로 만들었으면 합니다. 그리고 또 복층인 아래층은……."

"에이, T샘 또 한참 걸릴 거야. 우린 우리끼리 놉시다!"

사회를 보느라 앞자리에 있던 R이 T의 이야기를 듣다 말고 돌아앉았다. 사람들 사이에서 웃음이 와그르르 쏟아졌다. 모임에 늦게 합류한 까닭에 그만큼 고민할 시간이 필요해서이기도 하겠지만, T는 늘 할 이야기가 많아서 건축가를 독차지하곤 해 다른 이들을 기다리게 했던 탓이다.

Q가 주택5가 아니면 단층이 좋겠다고 했을 때 복층 세 가구를 놓고 투표하자고 했어야 하는데. 그것이 나중에 들어오는 가구를 배려하는 것이었는데.

지난 일들이 떠오른 나는 T에게 조금 미안한 마음이 들었다. 원칙을 지켰어야만 했다는 생각이 다시 들었다. 그렇다고 해서 주택4가 나쁘다는 것은 결코 아니었다. 모두들 건축가의 설계도를 놓고 이것은 이게 맘에 안 들고 저것은 저게 맘에 안 드니 고쳐달라고 하는 중이었고 P, K, Q, L은 이미 방과 주방 위치를 서로 바꾼 상태였다. T까지 바꾼다면 전체 여덟 가구 중 다섯 가구가 원 설계를 바꾸는 것이었다. 특히 K와 Q는 다른 집처럼 부엌을 바로 옆의 방과 바꾼 것도 아니고 공간 끝에서 공간 끝인 먼 거리로 옮기기도 했다. 배수 문제 때문에 안 된다는 말을 들은 우리 집이 입을 꾹 다물고 있던 것을 생각하면 우리만 순진했구나 하는 생각이 들 정도의 대대적인 변화였다. 재미있는 것은, 이 과정을 통해 방 두세 개가 복도를 따라 나란히 붙어 있던 단조로운 구조가 많이 사라졌다는 사실이다.

"다음은 저희 집이 하겠습니다."

두 번째로 K가 일어나서 나갔다.

"저희 집은 늦둥이도 있고 그래서 새로 만드는 부엌 옆 빈 공간에 선룸을 만들었으면 좋겠습니다."

선룸?

내가 물음표를 찍고 있을 때 건축가도 K에게 되물었다.

"선룸이요? 어떤 용도지요?"

"세탁기도 들어가고요. 위에는 애 빨래를 널 수 있는 공간입니다. 현재 상태의 공간은 좀 좁으니 부엌 쪽으로 이렇게, 이만큼 더 늘리면 좋겠습니다."

"무슨 말인지 알겠습니다. 다용도실이라고 할 수 있겠군요. 그런데 그 공간을 부엌 쪽으로 그만큼이나 더 늘리게 되면 부엌이 많이 좁아집니다. 아직 시간 여유가 조금 있으니까 그것에 대해서는 좀 더 고민하시기를 권유합니다."

"그리고요, 선생님은 반대하셨는데 부엌 남향 쪽 창문도 그대로 유지했으면 좋겠습니다."

"예, 그 문제는 말씀하신 대로 설계에 이렇게 들어가 있습니다. 하지만 전에 말했다시피 그 창은 건물 외관의 미를 많이 해치게 됩니다. 그러니 그에 대해서도 조금 더 고민해주십사 다시 한 번 요청합니다."

건축가와 K가 주고받는 말을 듣던 우리는 다시 한 번 깔깔깔 웃음을 터뜨렸다. 우리가 건축가와 설계 상담을 하는 동안 누구나 한두 번쯤 들었던 말들이기 때문이었다. 설계가 끝나가는 시점에서도 그 말은 여전히 질기게 지속되는 중이었다.

"다음에는 저요!"

P가 손을 번쩍 들었다.

"또 뭔 얘기를 더 하려고? 다 했잖아!"

O가 놀리듯 소리를 질렀고 사람들 사이에서는 다시금 웃음이 왁자하게 터졌다. P는 이미 원 설계를 바꾸며 T만큼 많은 이야기를 했

고 이제는 모든 게 안정되었다고 여기고 있던 까닭이었다.

우리 집은 왜 할 이야기가 없지?

심심해진 나는 우리 집 설계도를 들여다보았다. 복층에는 화장실 앞으로 간이개수대가 생겼고 거실에는 TV 위치가 방벽 쪽으로 바뀌었다. 뿌듯했다. 그러나 눈길이 거실을 거쳐 부엌으로 갔을 때는 왠지 모를 불안감이 또다시 가슴을 무겁게 했다. 삐뚜름하게 창 쪽으로 붙어 있는 불안한 모양새 때문이었다.

"죄송한데요. 저는 건축가 선생님이 짰던 원 설계대로 다시 부엌과 방의 위치를 바꾸겠습니다. 그리고 부엌 창은 R샘네처럼 가로로 긴 작은 창을 내겠습니다."

P의 말에 R이 제일 먼저 소리를 질렀다.

"안 돼요! P샘네 방 창이 얼마나 멋진데?"

R에 이어서는 L도 나섰다.

"맞아. 우리랑 같이 두 면을 유리창으로 하자니까."

R은 북향과 동향에 걸쳐 유리창을 낸 후 그 아래 긴 의자에 누워 책을 볼 거라는 P의 낭만을 대단히 부러워하고 있었고, L은 자신이 꿈에도 그리던 유리창 모양을 P가 사는 층과 자신이 사는 층에 만들면 건물 외관이 얼마나 더 멋질 것인가를 따지며 아주 행복해하고 있던 터다.

"지금에 와서 또 부엌과 방의 위치를 바꾸는 건 무리가 있습니다. 배수가 다시 문제가 되거든요."

건축가도 한마디 했다.

흘러
가다

"그래도 저는 이렇게 바꾸겠습니다. 화장실 옆 가운데 방은 서재로 쓸 건데요. 서재는 그렇게 크지 않아도 되니 옆에 있는 화장실을 좀 넓혀주십시오."

건축가가 그렇게 하게 되면 방이 너무 작아진다며 살짝 굳어진 얼굴을 했다. P는 그래도 화장실을 넓혀달라고 다시 단호하게 말했다. 안방에는 화장실을 없애고 세탁실을 만들 거라고도 덧붙였다.

P의 강경한 말에 사람들이 일순 조용해졌다.

저 정도면 설계 자체를 또 다 흔드는 건데?

나도 건축가와 P를 번갈아 보았다.

"알겠습니다. 이 문제는 개인적으로 더 얘기하는 것으로 하지요."

건축가가 P와의 이야기를 마무리 지었다. P도 자리로 돌아왔다.

이놈의 부엌, 우리 집 부엌은 무슨 방법이 없을까?

나는 다시 고개를 숙이며 우리 집 부엌 설계를 들여다보았다. 처음 설계도를 받아 보았을 때처럼 딱히 대안이 떠오르지 않았다. 건축가가 어련히 쓰기 좋게 설계했을까 하는 생각에 불안스럽다는 내 감정에 대해서도 자신이 없었다. 만들어지면 그 느낌이 어떨지 조금도 알 수 없어서였다.

조명 강의

○　　　"저는 조명에 드는 비용은 아끼지 말라고 권하고 싶습니다. 인테리어가 좀 부족해도 조명 하나로 집의 품격을 달라지게 만들 수 있기 때문인데요. 그럼 먼저 조명에 어떤 것들이 있는지 중요한 것 중심으로 살펴보도록 하겠습니다. 첫 번째로 장롱 위에 들어가는 것이 있습니다. 코브 라이트cove light라고 하는데 여느 등들처럼 빛을 직접 쏘지 않고 장롱 위 천장을 쏘면서 주위를 밝히는 것이라 간접 조명이라고 합니다."

뭐가 어떻게 된 거지? 이상하네? 건축가가 이미 조명설계도를 내놨는데 이사장이 왜 조명 강의를 하지?

나는 어리둥절해져서 이사장을 쳐다보았다. 조명설계도뿐 아니라 가구 배치에 따른 등기구 설치를 달리할 가구는 알려달라고 해서 나는 바로 전날 건축가에게 편지까지 보냈던 터다. 생각을 바꾸어서 작업실 복도에 맞춤 책장을 놓을 것이므로 그곳에는 벽부등 설치를 하지 말아줄 것, 책상 위에 놓일 등이 너무 방 가운데에 있으니 창 쪽으로 좀 더 빼줄 것 등등이었다.

"또 하나는 침대등입니다. 태스크 라이트task light라고 하는데 이 등은 밤에 침대에 앉아 책도 볼 수 있습니다. 책을 본다는 얘기가 나오니 또 생각난 게 있는데 바로 공부방등입니다. 지 라이트z-light라고 하는데, 책상에서 오랫동안 일을 하는 사람에게 적합한 등입니다. 그런

홀러
가다

데 좀 비싼 게 흠입니다."

비싸든 어쩌든 난 작업실에 그걸 꼭 달 거야. 형광등은 흐려서 짜
증 나. 세상에, 스탠드 말고 그런 게 다 있었어?

어느새 이사장의 이야기에 쏘옥 빠진 나는 메모지를 펼쳐 들었
다. 코브 라이트와 지 라이트를 적었다.

다음으로 이사장이 얘기한 것은 극장의 벽면 하단에 주로 쓰는
풋 라이트foot light였다. 밤에 다른 전등 다 끄고 그것만 켜놔도 주위 식
별이 가능하므로 자다가 깼을 때 아주 편리하다고 했다. 또한 각 집
에 복도가 길게 나 있으니 복도에는 전시관 같은 데서 많이 볼 수 있
는 레일 스폿rail spot이나 스퀘어 스폿square spot을 달면 좋다고도 했다.

내 눈 앞에는 풋 라이트에 이어 레일 스폿이 걸린 우리 집 복도
풍경이 떠올랐다. 서너 점 걸린 그림들이 레일 스폿의 은은한 불빛
을 받으며 집의 우아함을 더할 생각을 하니 가슴까지 두근거렸다. 실
내장식을 등을 이용해 할 수도 있구나 싶은 게 많은 걸 배우는 느낌
이었다.

"그리고 TV 위에는 어퍼 라인 브래킷upper line bracket을 설치하면 좋
습니다. TV를 시청할 때 다른 등들은 너무 밝잖아요? 그렇다고 TV만
켜놓는 것도 그렇고. 그런데 이 등은 TV 위를 은은하게 비춰주면서
주변의 어둠을 밝혀주는 역할을 합니다. 그 외에 다른 등들은……."

이야기가 우리가 흔히 알고 있는 식탁등과 거실등으로 옮겨갔다.
나 역시 아파트에 살면서 그것들을 예쁜 것으로 교체해보기도 했던
지라 나의 관심은 곧 시들해졌다.

이사장이 등에 대한 연구를 많이 했다고 하더니 조명에 관한 것은 건축가가 안 하고 이사장이 하기로 한 모양이구나. 그래도 그렇지. 뭐가 어떻게 돼서 이렇게 하기로 했다는 얘기는 우리에게 미리 해줬어야 하는 거 아닌가?

나는 복잡해진 마음으로 건축가가 짠 조명설계도를 펼쳐 들었다. 방등, 거실등, 화장실의 다운 라이트, 식탁의 펜던트, 복도의 천장부착형 펜던트, 스폿spot형 등기구, 거실 TV장 옆의 벽부등 등이 설계돼 있었다. 코브 라이트, 태스크 라이트, 지 라이트, 풋 라이트등 내가 써보지 못한 세밀한 것은 없었지만 웬만한 것은 다 있었다.

1 201호 거실 간접등.
2 402호 부엌 조명.

흘러
가다

201호 방 전등.

아일랜드 부엌

○ 　　　정말 맘에 안 들어. 부엌을 이렇게 불안하게 만들 수밖에 없는 건가? 그렇지 않아도 거실과 부엌이 작아서 고민인데. 이걸로는 내가 원하는 대로 카페 분위기를 절대 낼 수 없겠어.

　　부엌 모양을 볼 때마다 불만이 높아가던 나는 어느 순간 인터넷을 뒤지기 시작했다. 부엌이 좁다는 것을 중심 언어로 내세우니 다양한 의견들이 떴다. 몇 개를 뒤적이다보니 '좁은 부엌엔 아일랜드 식탁이 최고!'라는 글귀가 눈에 확 들어왔다. 흥분해서 사진을 살펴보니 괜찮다는 생각이 들었다. 대개 안쪽 벽으로는 부엌 시설들이 일자나 니은 자 모양으로 들어가고 중앙은 작업 공간이 되며 그 바깥쪽은 아일랜드 식탁이 일자로 놓이는 형태였다. 창 쪽으로 비스듬히 달라붙어 불안감을 주는 우리 집 부엌 모양을 충분히 상쇄할 수 있을 것 같았다. 게다가 이런 식으로 꾸미는 부엌은 그 자체가 카페 분위기를 낸다니, 내가 찾던 바로 그것이었다. 어떻게 해야 할지 감이 잡히지 않는 거실 인테리어도 부엌을 그렇게 만들게 되면 한층 더 쉬워질 것 같았다.

　　자신감이 생긴 나는 건축가에게 전화를 했다. 곧 배수구나 전기 시설이 들어가기 때문에 부엌 구조를 바꾸려면 한시라도 빨리 의논해야 했다.

　　"저희 집 부엌 때문에 전화했는데요. 저희는 애가 나가 살면서부터 부엌에서 뭔가를 해 먹는 시간이 현저히 줄어들었습니다. 그래서

흘러
가다

부엌과 거실을 연결해서 카페 분위기를 내고 부엌 사용을 많이 하고 싶은데요. 현재 구조는 그게 아닌 것 같아서 그러는데 무슨 방법이 없을까요?"

"그럼 아일랜드 부엌으로 만드시죠."

부엌 구조를 바꾸는 것 자체가 안 된다고 하면 어쩌나 싶어서 조심스런 나에게 건축가는 대뜸 그렇게 말했다. 그것도 아일랜드 부엌이라니! 다시금 흥분한 나는 황급히 또 물었다.

"그게요, 지금도 가능할까요?"

"가능합니다. 제가 빠른 시일 안에 부엌 설계를 다시 해서 현장과 H선생님께 보내드리도록 하겠습니다."

아, 바보! 왜 진작 건축가 샘과 의논하지 않았던가? 왜 진작 인터넷의 도움을 받지 않았던가?

"고맙습니다. 선생님 정말 고맙습니다."

몇 번이나 인사를 했다. 묵은 체증이 쑥 내려가는 것 같았다. 만약 건축가가 부엌을 바꿀 방법이 없다거나 지금은 늦어서 안 된다고 말했다면, 우리는 아일랜드 부엌으로 하겠으니 꼭 그렇게 해달라고 끝까지 고집을 부릴 생각이었다. 우리의 경우와는 다르지만 뒤늦게 집 구조를 바꾼 사람들이 생각났다. 그들의 심정도 지금의 나와 같을까? 아니, 나보다 훨씬 더 즐겁고 행복했으리라. 자신이 원하는 대로 집 구조를 만들 수 있었으니까. 그들 중 T는 자신이 원했던 대로 부엌과 방을 바꾸었으며 공간이 넓은 복층은 작긴 해도 방 두 개로 나누기로 했다. P의 경우는 구조를 완전히 다시 바꾸는 것임에도 의견이 전격 수용되었다. 다만 화장실을 넓히는 것은 끝내 받아들여지지 않았다. K 역시 다른 집에는 없는 다용도실이 생겼을 뿐 아니라 공간의 크기도 원하는 만큼 늘렸다. 그러나 부엌 쪽의 남향 창은 건축가의 의견을 받아들여 만들지 않기로 했다.

흘러
가다

"꽃이 언제 피었냐는 듯이 지는 봄날,
건물 하나가 저렇게 사라졌네요.
허무하네요.
화무십일홍이라지만 우리가 짓는 집은 한 100년쯤 갈 수 있겠지요?
우리가 살아 있는 동안 다시 허무함을 느낄 필요가 없겠지요?"

변화하다

5

건물 철거

○   산 쪽 소나무 뒤로 하얗게 꽃을 피운 나무들이 두어 그루 보였다.
그 아래 집터에는 부서진 건물 더미를 향해 뻗어나가는 물줄기가 높
이 떠 있었다. 기공식 하던 날 보았던 건물 모습과 앵두꽃이 피었던
마당을 떠올리던 나는 L이 올린 다음 사진을 보았다. 오랜 세월 터를
지키던 아름드리 은행나무, 담장가 상록수들의 잔해이런가. 토막 난
나무들의 어지러운 모습이 제일 먼저 눈에 들어왔다. 가슴에서 무언
가가 툭하고 떨어지는 소리가 들리는 듯했다. 어떡하든 은행나무만
큼은 살려보자고 의견을 모았지만 그러려면 돈이 많이 들 뿐 아니라
제대로 살리기도 어렵다는 말에 포기할 수밖에 없었던 터다.

나도 이런데 저곳에서 20년 가까이 산 L과 L-1의 심정은 어떠
할까?

사진을 한동안 바라보던 나는 다음 사진에 눈길을 주었다. 건물
잔해 위에 올라간 인부가 물호스를 들고 있거나 포클레인이 쓰레기
를 퍼서 트럭에 담는 장면이었다. 이렇게 철거작업을 하는구나 생각
하며 다음 장으로 사진을 넘겼다. 집터 아래에서 찍은 것으로 아직
허물지 않은 담장 안의 포클레인만 덩그러니 앉아 있는 모습이었다.
그것을 보고 나서야 이제 건물이 형체도 없이 사라졌구나 싶어졌다.

그 허전한 감정이 채 사라지기도 전, 다음 사진에 눈길이 닿았을
때는 눈물마저 울컥 올라왔다. 허물어지고 부서지는 건물들, 먼지와

시끄러운 기계음 속에서도 생명의 기운을 가득 품은 앵두나무가 여전히 담장가에 화사하게 버티고 있기 때문이었다.

그러나 나의 그런 감정을 비웃기라도 하듯 L이 찍은 마지막 사진은 건물의 형체도, 쓰레기 더미도, 담장도, 포클레인의 모습도 보이지 않는 맨땅의 순수한 모습이었다. 장엄한 것 같기도 하고 허무한 것 같기도 했지만, 사진은 또 분명히 그 땅이 이제 그동안의 세월을 벗고 새로운 출발점에 서 있음을 보여주고 있었다.

함께하며 느끼는 감정은 다 비슷한 모양이었다. L이 철거현장에서 밴드에 사진을 올린 그날, Q는 이렇게 글을 올렸다.

꽃이 언제 피었나는 듯이 지는 봄날, 건물 하나가 저렇게 사라졌네요. 허무하네요. 화무십일홍이라지만 우리가 짓는 집은 한 100년쯤 갈 수 있겠지요? 우리가 살아 있는 동안 다시 허무함을 느낄 필요가 없겠지요?

H빔을 박다

집터 옆에 현장사무실이 설치되었다. 공사용 드릴이 시추한 자리에는 건물 모양을 따라 H빔들이 깊숙이 박히기 시작했다. 그 와중에 예상보다 많은 크고 작은 바위들이 무더기로 쏟아져나왔다. 이들 바

변화
하다

위를 파내 한군데 모으랴, H빔들을 끌어다 대랴, 공사장 안에서는 포클레인 세 대가 바쁘게 움직였다.

"저 산 좀 봐. 우람하다!"

옆의 남편이 감탄했다. 사진 속 공사장 모습을 확인하려고 집터께를 바라보던 나는 눈을 들었다. 소나무 사이사이 연초록 잎들과 고개를 내민 바위산이 눈앞에 둥실 앉아 있었다. 오른쪽은 족두리봉이고 가운데는 이름이 없으며 왼쪽은 향로봉이었다.

"기가 막히네. 만물이 푸르르니 그것도 좋고. 이렇게 좋은 곳에서 이제 몇 달만 지나면 살게 되는 거지?"

"그렇지."

"거참, 좋은 일일세 그려."

잠시 희희낙락거리던 우리는 일요일이라 조용한 공사장에 닿았다. 낮은 가림막이 쳐진 공사장 안에는 H빔의 흔들림을 막기 위해 상부 쪽 가로로도 H빔을 한 줄 붙여놓은 상태였다. H빔 하단 쪽 일부에는 이미 흙을 파내고 H빔과 H빔 사이에 침목을 끼워 넣은 곳도 있었다. 이 모두 건물의 기초가 될 지하부를 튼튼히 하기 위한 것이라고 했다.

"바위가 엄청나네."

주택가 방향으로 쌓여 있는 거대한 바윗덩어리 셋, 산 방향으로 쌓아놓은 그보다 작은 돌무더기를 보며 내가 중얼거렸다. 바윗돌 깨는 작업도 진행되었다고 하더니 그것들은 모두 치웠는지 보이지 않았다. 장구한 세월 땅속에서 땅 위를 받치고 있었을 것들, 깨진 그것들이 트럭에 가득 실린 채 아랫마을을 향해 내려가는 모습이 눈앞에 어른거렸다.

저게 지하 시설들이 들어설 자리겠구나!

나는 넓은 공간이 생긴 H빔 안의 풍경들을 바라보며 감탄했다. 몇 장 뒤 사진에는 공간이 만들어진 바닥으로 콘크리트 반죽이 부어진 모습이 이어졌다.

나는 며칠 후 남편과 다시 공사장을 찾았다. 콘크리트가 굳은 H빔 바닥에는, 철근이 촘촘히 깔리고 세워진 후 콘크리트 반죽이 다시 부어졌는데 그것도 벌써 깨끗이 굳은 상태였다.

"안녕하세요?"

회의 때 몇 번 본 적 있는 현장소장을 향해 내가 소리쳤다. 토요일 근무가 거의 끝나가는 시간, H빔 안에서 인부들을 지휘하고 있던 소장이 반가운 얼굴로 우리를 올려다보았다.

"어서 오세요. 제가 현장에 있은 이래 처음으로 뵙는 입주자시네요."

"그래요? 안에 좀 들어가봐도 되나요?"

내가 다시 물었다.

"그럼요. 저기 있는 널빤지 밟고 조심조심 오시면 됩니다. 전혀 위험하지 않습니다."

나는 소장의 말대로 지상과 H빔 안 사이에 걸쳐놓은 널빤지를 밟고 아래로 내려갔다. 생각보다 공간이 무척 좁아 보였다. 안쪽은 물

변화
하다

탱크 두 대가 들어갈 자리이고 바깥쪽은 창고와 지하상가가 들어갈 자리인데 과연 가능할지 의문이었다.

"굉장히 좁네요."

"아닙니다. 이 정도면 무척 넓은 겁니다."

나의 말에 소장이 펄쩍 뛰듯 대답했다. 감각이 무딘 나는 또 실수를 했구나 싶어서 그렇냐며 웃는 것으로 상황을 얼버무렸다. 지하상가 위쪽으로는 1층 상가가 올라갈 것이고 R, Q, O의 집이 그 위에 다시 올라갈 예정이었다.

"그리고 아주 튼튼해서 100년은 가는 집이 될 겁니다."

"네."

나는 고개를 끄덕이며 하얗게 마른 콘크리트 바닥이며 촘촘히 잇대어 올라간 침목들을 둘러보았다.

"아니, 아니 안 돼요!"

그때 소장의 목소리가 귓가에 쨍 울렸다. 퍼뜩 고개를 돌리니 나와 이야기를 나누고 있다고 생각했던 소장의 매서운 눈초리가 어느새 한 인부에게 머물러 있었다.

"지금 뭐하시는 겁니까? 누가 자르라고 했어요? 구부려야지요."

소장이 다시 일을 지시했다. 다른 이들은 다 철근을 구부리고 있는데 저이는 왜 잘라야 한다고 여긴 걸까 하고 잠시 생각하던 나는 얼른 되돌아서서 H빔 안을 빠져나왔다. 일하는 데 방해라도 될까 봐서였다.

남편과 나는 우리 집 위치가 어디쯤일까 짐작해보기 위해 주택이 있는 남쪽 방향의 골목으로 갔다. 공간 감각이 젬병인 나도 쉽게 찾을 수 있었는데 우리 집이 시작하는 곳은 일자로 흐르던 H빔이 방향을 틀며 꺾여 있었기 때문이다. 내가 볼 때마다 불안하기 짝이 없다고 느꼈던 부엌이 있는 곳이었다. 이곳은 이 주택의 중앙에 해당하는 곳이기도 했는데 우리 집과 T의 집이 테트리스처럼 위아래로 맞물려서 복층을 이루고 있었다.

다음으로는 9월 말을 예정으로 공원이 들어설 거라는 동향으로 갔다. 공원 예정지가 우리 땅보다 지대가 높은지라 경계선에는 이미 옹벽이 세워져 있었고 한쪽에는 지하수도 파여 있었다. 옹벽과 지하수가 파인 안쪽으로 작은 1층 상가가 지하 없이 만들어질 것이고 상가 위로는 P, K, L의 집이 올라갈 것이었다. 자주 보며 익힌 설계도가 이렇게 현실화되는구나 싶은 게 감회가 새로워지는 순간이었다. 또한 작업 과정들이 하나의 예술작품을 만드는 것과 다를 바 없구나 싶어지면서 건축을 보는 새로운 눈이 생긴 때이기도 했다.

서울까지 와서 공사장만 잠깐 돌아보고 가는 게 아쉬웠던 우리는 공사장에 나와 있던 L과 함께 산 밑 막걸리집에 마주 앉았다.

"어휴, 바위 깨는 소리가 타타타 얼마나 요란한지 주민들이 견디다 못해서 자꾸 민원을 넣고 그랬어요."

"그래요?"

고개를 끄덕이던 남편이 L의 잔에 막걸리를 따르며 응대했다.

"그럼요. 구청에서도 몇 번씩 나와서는 쉬어 가면서 해라, 살살해라 그랬지요. 그래도 주민들이 많이 참아준 거예요. 우리가 그것은

175

기억해야 될 거 같더라고요."

"그럼요, 그래야죠."

L의 말에 나도 고개를 끄덕이며 아래에 있는 다세대주택 쪽을 바라보았다. '이거 가지고 되겠어? 하이타이라도 돌려야지.' 하던 기공식 때 아주머니가 떠올라 새삼 웃음이 났다.

"불광천 입구라더니…… 그 정도였군요. 그러고 보니 여기서 몇 걸음만 가면 깊은 계곡이네요?"

"그럼요. 여기도 뭐 산속이나 다름없죠. 제가 살던 전 집도 옛날에는 어떤 군 장성이 드나들던 산장이었어요."

"시공사에서 고생이 많겠네요."

"그렇죠."

봄볕 아래에서 사진을 찍느라 얼굴이 빨갛게 익은 L이 막걸리잔을 들었다. 나도 목을 축이며 한없이 마음을 편안하게 만들어주고 있는, 집이 다 지어지면 이제 매일 보게 될 앞산을 다정스런 눈으로 바라보았다. 숲을 촘촘히 채운 가녀린 연초록 잎들이 저녁 해를 받으며 연방 깔깔깔 간지러운 웃음을 터뜨리고 있었다.

1 건물 철거.
2 H빔을 박은 뒤 기초 콘크리트 작업을 한 모습.
3 지하층 철근작업.
4 지하층 바닥 콘크리트 작업.
5 2층 거푸집 작업.

6 3층 천장 공사 작업.
7 203호 복층 계단실 작업.
8 4층 거푸집 작업.
9 지붕 콘크리트 작업.

177

10 외관 도색 및 유리창 작업.
11 실내 단열 작업.
12 내부 시설 공사.
13 외관이 드러난 모습.

송별회

○ 　　지하철 출구를 빠져나오며 우산을 펴 들었다. 거리에는 형형색색의 우산을 쓴 젊은이들이 장마 물결처럼 출렁거리며 흘러가고 있었다.

　　사무국장이 끝내 하우징쿱을 그만두었구나. 만나면 무슨 말을 해야 하지?

　　추적거리는 비를 금방이라도 말려낼 듯한 젊은이들의 열기를 바라보며 잠시 그대로 서 있었다. 기공식 때 보았던 사무국장의 슬프고도 어두웠던 얼굴이 커다랗게 밀려오고 즐거웠던 일들이며 안 좋았던 일들이 머릿속을 밟고 지나갔다. 안쓰러움이 목구멍을 타고 주르르 흘러내렸다.

　　약속한 음식점으로 들어서자 그 안에도 젊은이들은 가득했다. 작고 조악한 식탁들 주위에 빽빽이 둘러앉아 질세라 언성을 높이며 음식을 굽거나 먹어댔다. 사무국장을 찾기가 쉽지 않을 것 같았다.

　　사무국장과 전화 통화 끝에 찾은 우리 자리는 2층 입구 구석이었다.

　　"일찍 왔어요?"

　　내가 젖은 우산을 벽에 기대놓으며 물었다.

　　"아니요. 저도 좀 전에 왔습니다."

　　기공식 때와는 비교할 수 없을 정도로 밝아진 사무국장이 미소를 환하게 지었다.

변화
하다

"Q샘이랑 L샘도 오시는데요. 조금 늦는다니 먼저 시키지요."

"네, 이 집은 고추장주꾸미구이가 맛있습니다. 밥은 나중에 볶아 먹으면 되고요."

"그래요. 대낮이지만 소주도 한잔 해야지요? 그래도 송별회인데."

"네, 호호호."

사무국장이 전처럼 소리 내 웃었다. 고추장에 버무린 주꾸미가 먹기 좋게 익었을 무렵에는 Q와 L도 연달아 나타나서 좁은 좌석 안의 분위기가 한층 더 화기애애해졌다.

이런저런 이야기가 오가고 소주 두어 병과 맥주 서너 병이 비워졌을 때쯤 내가 사무국장을 향해 물었다.

"그런데 사무국장님, 왜 하우징쿱을 그만뒀어요?"

사무국장이 여전히 생글거리는 얼굴로 대답했다.

"집이 멀어서요. 제가 집이 안양이잖아요."

그녀의 열정적인 모습을 떠올리던 나는 그것이 진실이 아닐 것을 알면서도 고개를 끄덕였다. 부동산이나 법무사 관련 일에 약해서 그렇지 나름대로 PM역할을 잘했었는데, 하는 생각이 스치고 지나갔다.

일자리는 알아보았느냐, 이제 어떤 일을 하는 곳에 들어가고 싶으냐, 우리는 집 기초 공사가 끝나간다 등등 주위 젊은이들처럼 목소리를 한껏 높여가며 이야기를 나누던 우리는 자리에서 일어났다. 알딸딸한 정신으로 비가 그친 거리를 걸었다. 그러다가 오랜 친구들이 만난 것처럼 맥줏집 테라스에 앉아 맥주를 마시기 시작했다. 송별회가 아니라 모임 뒤풀이를 하고 있는 기분이었다.

스스로를 교육하다

○   지하 벽이 설치될 곳에 철근이 심어지고 그 둘레에는 거푸집이 세워졌다. 거푸집 뒤로는 쇠파이프가 대어지고 콘크리트를 부었을 때 무게를 지탱해줄 받침쇠들이 단단히 받쳐졌다. 지하천장이자 1층 바닥이 될 곳에도 거푸집이 놓여졌다. 거푸집 밑으로는 받침쇠들이 다시 받쳐졌으며 위로는 철근이 촘촘히 깔렸다.

거푸집 안으로 부어진 콘크리트 반죽이 화창한 날씨에 힘입어 빠르게 말랐다. 그동안 지하 구조를 만들 수 있도록 땅속 관리를 해오던 H빔들이 시원스럽게 뽑혀져 나갔다. 그리고 지상에는 1층 바닥이 수줍은 새색시처럼 쏘옥 모습을 내밀었다.

"벌써 1층 바닥이 나왔는데요. 입주 전까지 뭘 하면 좋을까요? 말씀들 해보시죠."

삼삼오오 모여 앉은 사람들을 향해 R이 입을 열었다. 정신없이 바쁘기만 하던 우리는 지하층 공사가 마무리 단계에 접어들기 시작하면서 갑자기 할 일이 없어진 느낌이었다. 공사를 시작하고도 계속 이어지던 설계마저 공식적으로는 끝났기 때문이었다.

"앞으로 같이 살려면 서로를 더 잘 알아야 할 텐데요. 요즘 MBTI 성격 유형 검사를 많이 하니 우리도 이것을 한번 해보면 좋겠습니다. 그래서 아, 저 사람은 저런 성격의 사람이니까 저런 식으로 행동하는구나 알게 되면 서로 간에 갈등도 덜 생기고 상대방을 인정하는 태도

181

도 생길 것 같습니다."

"좋습니다. 그럼 그 공부를 한 O샘께서 직접 강의를 맡아주시지요. 뭐, 반대 의견 없으시죠?"

R이 물었다. 이미 뒤풀이 자리에서 몇 번 얘기되었던 사안인지라 모두들 동의한다고 말했다.

"우리가 협동조합을 결성해서 집을 짓는데요. 협동조합에 대해 아는 게 과연 무엇인지요? 그래서 저는 협동조합이란 무엇인가? 하는 것을 주제로 공부하는 시간을 좀 가졌으면 좋겠습니다."

이번에는 내가 제안을 했다. 현재 협동조합을 직접 운영하고 있는 K가 보충 발언을 했다.

"좋습니다. 강사는 제가 알아보도록 하겠습니다."

나는 문득 얼마 전에 하우징쿱을 그만둔 사무국장이 떠올랐다. 우리 모임의 교육에 대해서도 나중에 함께 의논하기로 약속했기 때문이다. 그 사무국장이 없다면 하우징쿱에서는 이사장이 나와야 하는 것 아닌가라는 생각이 들었다. 돌이켜보니 사무국장이 나오지 않은 이후 대부분 이런 식이었다. 그러다보니 남에게 매어 있지 않은 직업을 갖고 있어서 비교적 자유로운 전무이사 R이 느닷없이 바빠졌다. 모임의 코디네이터 역할은 물론 PM 역할까지 일정 정도 떠맡아야 했기 때문이다. 툭하면 자기 일을 팽개친 채 이 일에 매달려야 했을 것이다.

그런 생각을 하다보니 마음이 무거워졌다. 사무국장이 있던 시기를 빼면 우리는 설계와 토지매매 외에 다른 논의를 거의 해본 적이 없는 조직이었기 때문이다. 협동조합이라기보다는 풍경 좋은 곳에 집을 짓기 위해 모인 선한 여덟 가구 정도가 될 것 같았다.

"네, 그러면 모두들 동의하셨으니 '협동조합이란 무엇인가'란 주제에 대해서도 강의를 듣도록 하겠습니다. K샘은 말씀하신 대로 빠른 시일 안에 강사를 알아보시고 그 결과를 저에게 알려주시기 바랍니다."

R이 내가 내놓은 안에 대해 다시 정리하자 M도 입을 열었다.

"전에 사무국장이 짠 계획서 중 우리가 공부해야 할 내용으로 비폭력대화법 강의를 듣는 게 있던 것으로 압니다. 그것도 좋은 내용이라고 생각하고요. 우리가 8월 중순쯤 MT를 가기로 했으니 그때 그것을 하면 어떤가 싶습니다. K샘처럼 강의자 역시 제가 주변에서 알아볼 수 있습니다."

M의 이야기를 듣던 나는 사무국장이 짰던 계획 중 그 내용도 있었다는 것을 기억해내고는 무릎을 쳤다. 오늘 우리가 이야기할 안건이 '입주 전까지 우리가 해야 할 일'인데 왜 미리 그 문서를 볼 생각도 못하고 덜렁덜렁 왔는가 싶었다. 계획에 의하면 우리는 비폭력대화법 외에도 공동체나 협동조합에 대한 교육, 마을 속에서 우리 협동조합이 나아갈 바에 대한 토론이 여러 차례에 걸쳐 기획돼 있었다.

"저도 그거 꼭 한번 해보고 싶었는데 좋습니다. 비폭력대화 강의 듣는 것 찬성합니다."

P가 M의 의견에 곧바로 찬성했다. 이 사람 저 사람이 그것도 할 만하다고 의견을 내어 그 안도 M의 생각대로 진행하기로 했다.

변화
하다

그 사이 나는 또 잊어버리고 있던 게 생각났다. 사무국장이 있던 시절, 모임 가구 중 세 가구가 협동조합 정관을 만드는 과정에 참여하지 못했으므로 토지계약이나 설계가 끝나는 대로 정관 검토, 주택과 상가 관리 규약 만들기, 협동조합 법인화를 하자고 했던 약속이 그것이었다.

"저기, 우리 말이에요. 정관 검토도 해야 되고 주택이나 상가 관리 규약도 만들어야 할 텐데요. 협동조합 법인화도 하고요."

"그건 입주하고 나서 이야기하는 것으로 하지요. 상량식이니 준공식이니 집 짓는 일도 계속될 것이고 10월 말쯤엔 입주도 해야 하는데 너무 정신없을 것 같습니다. 우리가 협동조합이라고 하는데 무엇을 하는 협동조합인지 현재로선 그 성격도 불분명한 것 같고요."

R이 내 의견에 반대를 했다. 이럴 때 사무국장이 있었으면 얼마나 좋았을 것인가? 나는 그 생각을 하며 자괴감에 빠졌다. 사무국장이 있었다면, R의 지적대로 우리에게 부족한 협동조합 논의를 여유 있게 했을 테고 R이 잔뜩 지고 있는 짐을 가져갔을 테니 우리 모임이 보다 정상적으로 굴러갔을 것이기 때문이다.

"그러죠. 그렇게 하는 게 좋겠네요."

정신 못 차릴 정도로 바쁘게 흘러왔던 지난 시간들을 떠올리며 나는 그렇게 대꾸했다. 하우징쿱과 시공사 일로 정신없는 이사장에게 사무국장이 했던 정도의 역할을 기대하는 것도 무리인 듯했고, PM과 코디네이터가 따로 없는 상황에서 우리의 반경은 이전과 크게 다를 바 없으리란 생각이 들어서였다. 우리는 과연 어디로 가고 있는 것인가? 길을 반이나 걸어온 것과 다름없는 지점에 서서 나는 마음 깊이 그 걱정을 하지 않을 수 없었다.

상가 이야기

2층 바닥의 콘크리트가 속살처럼 뽀얗게 말랐을 때, 집터 근방에서 모이기로 한 우리는 공사장부터 둘러보았다. 군데군데 벽체 철근들이 이미 올라가 있는 바닥에는 2층에 살 사람들의 집 설계 모양이 고스란히 드러나 있었다.

"호호호, 신기하네요. 여기가 P샘네 방이고 여긴 화장실이죠? 화장실이 정말 좁아 보이긴 하네요."

또다시 늦게 나타난 Q가 뒤집어놓은 7자 모양의 P 집 바닥을 돌아다니며 우리를 돌아보았다.

"제가 좁다고 그렇게 그랬는데요. 서재를 줄이고 화장실을 좀 더 늘려야 한다고 몇 번이나 말했잖아요. 그런데……."

조금 전까지만 해도 싱글벙글하던 P가 입을 댓 발이나 내밀며 투덜거렸다.

화장실 옆 서재를? 거기도 저렇게 좁은데?

나는 화장실과 서재를 가르는 철근 뿌리와 그 안으로 드러난 공

변화
하다

간들을 바라보며 중얼거렸다.

"좁긴 뭐가 좁아? 변기에 이렇게 앉아서 볼일 보고, 세면대에서 세수하고, 욕조에서 샤워하거나 몸 담그면 되지."

R이 하수관이 나온 위치에 직접 다가가 일 보는 시늉을 하며 말했다. 좁은 공간 안을 뱅뱅 도는 R의 커다란 몸집에 웃음이 시원스레 터졌다.

공간이 저렇게 좁은데 욕조까지 두었으니 더 좁을 수밖에. 그래도 꼭 욕조가 있어야 한다고 그러고 또 들어갈 자리가 있어서 넣은 것이니 어쩔 수 없지. 보기에는 저래도 물건들이 들어가 자리를 잡으면 지금하고는 또 다른 느낌일 거야.

나는 P의 집에 대해 나름대로 평가하며 우리 집 쪽으로 갔다. 옆에 붙어 있는 T 집 복층을 대충 훑어본 후 집 안으로 들어갔다. T의 집과 우리 집을 가르는 벽체 철근이 이미 심어져 있어서 P 집보다는 부엌 위치와 하수구, 거실, 거실 옆으로 붙은 방이 뚜렷했다. 방 앞으로는 화장실 안의 하수구 모습도 볼 수 있었다.

설계 평면도와 똑같은 집 바닥을 보며 미소 짓던 나는 R의 집으로 갔다. 현관 입구부터 우리 집을 살펴보듯 차례대로 훑어나갔다. P 집과는 마주보고 있어서 7자 모양의 집이었다. 역시 설계 평면도를 확대해 옮겨놓은 듯한 모습이었지만 며칠 후면 방, 부엌, 화장실 벽이 되어 올라갈 철근 뿌리들을 보니 이곳이 공사 현장이구나 싶어졌다.

"R샘네 전망 좋다! 우리 집도 서향이니 저렇겠지?"

O가 감탄을 했다.

"네, 꼭 3층 같아요."

P가 대꾸했다.

각 집의 바닥 모습에만 눈길을 두던 나는 고개를 들었다. P의 말대로 R의 집이 있는 서향은 지대가 낮아 3층 같은 느낌이었다. 한편 P의 집이 있는 동향은 그와 반대로 지대가 높아 1.5층 같았고 T와 우리 집이 있는 남향은 제대로 된 2층 같았다. 건물 밖에서 볼 때 그랬던 것처럼 동향은 아름드리나무가 무성했고 서향은 먼 곳 산과 하늘이 보일 만큼 시야가 툭 틔었으며 남향은 볕이 늘 드는 대신 주택에 앞이 가로막힌 모습이었다. 이 집의 설계 원칙이 '이 집이 누리는 것은 저 집도 누리고 저 집이 누리는 것은 이 집도 누린다'는 것이라던 건축가의 말이 생각났다. 복층집인 T와 우리도 3층으로 가면 솔향 가득한 숲이 전면에 펼쳐질 것이니 아래층 시야가 좀 가린다고 해서 아쉬워할 것 없는 일이었다.

공사장에서 상가 쪽으로 내려온 우리는 예약해둔 음식점으로 들어갔다. 오늘 모임의 토론 주제는 상가임대였다.

"제가 현장 오기 전에 부동산 몇 군데를 들렀는데요. 요즘은 사람들이 커피전문점 자리를 많이 찾는답니다."

상가관리이사인 M이 보고를 했다. T가 얼른 M의 말을 받았다.

"우리 건물에도 예쁜 카페를 하나 둡시다. 정말 멋질 것 같지 않아요?"

"좋습니다. 찬성이요!"

187

P와 Q가 꿈꾸는 듯 감미로운 표정을 지으며 동의했다. 동네 근방에 카페도 없고 산이 가까운 입지 조건이 있으니 다른 것은 몰라도 카페는 꼭 하나 있었으면 했던 나도 대찬성을 했다.

"좋습니다. 그럼 카페는 반드시 하나 두는 걸로 하고요. 나머지 두 개 상가를 무엇으로 내놓을 것이냐가 문제인데요. T샘, 전에 공동육아 어린이집을 얘기하지 않았나요?"

R의 이야기에 T가 대답했다.

"네, 제가 좀 알아봤는데요. 어린이집을 들이기에는 우리 상가 평수가 너무 작더라고요. 그리고 어린이집은 아이들의 안정감을 위해서 부엌도 있고 방도 딸린 주택같이 생긴 곳을 선호하더라고요. 그래서 우리가 아무리 하고 싶어 해도 안 될 것 같습니다."

사람들이 고개를 끄덕였다. T가 계속 이야기를 이어나갔다.

"대신, 우리 집 위로 공원이 생기는데 어린이놀이터가 꼭 있었으면 좋겠습니다. 이 동네 어디를 둘러봐도 노인들을 위한 운동기구는 있는데 어린이들을 위한 놀이터가 없어요. 이러다간 동네에서 젊은 이들과 아이들이 없어지겠어요. 아이들 웃음소리와 울음소리가 들리는 곳이 되어야 마을에 활기도 돌고 그러지 않겠습니까?"

K가 싱글벙글 웃으며 T의 이야기에 끼어들었다. 그래야 당장 자신의 집 늦둥이나 R네 아이들이 놀 곳이 생기지 않겠느냐는 것이었다. 그러고 보니 우리 구름정원 주택에 들어올 초등학교 이하 아이들만 해도 벌써 셋이었다. 동네 옆에는 초등학교도 있고, 큰길가에는 어린이집도 여러 개였다. 한데도 어린이를 위한 놀이터나 여타 시설

이 전혀 없다는 게 놀라웠다. 청소년을 위한 시설은 더 말할 것도 없었다. 미래 세대를 위한 투자가 0점이라고 해도 과언이 아닌 듯했다.

"공원 조성이 어떻게 되는지는 제가 구청에 알아보는 것으로 하겠습니다. 그럼 상가에 대해 계속 의견 개진해주시기 바랍니다."

R의 말이 있자 이번에는 O가 입을 열었다.

"술집을 두게 되면 밤늦게까지 시끄럽지 않을까요? 그래서 저는 술집은 두지 않았으면 좋겠습니다. 그 대신 지하상가인 25평에 음식점은 둘 수 있을 것 같아요."

"음식점은 어떤 게 좋을까요?"

"두부전문점이나 곤드레밥집 같은 게 어떨까요? 제대로 된 맛집이 들어왔으면 좋겠어요. 동네에 그런 게 없어서요."

M이 대답했다. 한 번 간 음식점을 두 번 이상 가기 싫었던 나도 고개를 끄덕였다. Q도 찬성하며 이에 대한 의견을 덧붙였다.

"네, 맞습니다. 유기농쌈밥집 같은 것도 괜찮고. 뭔가 특색 있는 것으로 해서 멀리서도 찾아오는 곳으로 만들면 좋겠습니다."

상가를 돈벌이 수단으로만 생각하는 것처럼 사람들이 그에 준하는 의견들만 내세웠다. 애초에 조금씩 얘기가 나오던 마을기업 이야기는 전혀 없었다. 그 얘기를 입이 닳도록 해오던 L도 멍석이 깔리니 웬일인지 가만히 있기만 했다. 조금 답답해졌다. 그런 식이라면 우리가 협동조합으로 집을 짓는 의미가 어디에 있을까 싶어서였다.

"전에 L샘이 상가를 구청과 연계해서 무언가를 해보자고 하지 않으셨나요? L샘한테 그 얘기를 들었으면 좋겠습니다."

189

내가 말을 꺼냈다. L이 여느 때와는 달리 자신 없는 목소리로 내 말을 받았다.

"몇 가지 안이 있는데요. 도시농부매장을 두어서 비료나 생산한 식자재 등을 파는 곳으로 운영하면 어떨까요? 또 구청이나 서울시와 연계해서 북한산과 관련된 도서를 갖춘 작은 '북카페'나 북한산과 관련된 모든 것을 지원하는 '북한산탐방지원센터'를 두는 것도 좋겠습니다. 그리고 또 하나는 실버체육시설을 두고 이를 운영하면 어떤가 합니다."

도시농부매장, 북한산 관련 북카페, 북한산탐방지원센터, 실버체육시설이라. 생각은 다양하고 좋은데 현실성이 떨어지는 게 아닐까? 북한산 관련 북카페 정도라면 해볼 만한 것 같기도 한데…….

L에게서 수없이 들은 얘기를 다시 들으며 나는 생각에 잠겼다. 처음에는 그럴싸했지만 들을수록 이런저런 상황을 따지게 돼서였다.

"글쎄요, 도시농부매장이라는 것을 두면 사람들이 여기 와서 그걸 살까요? 한살림이나 생협 매장도 가까이 있는데 대부분 그런 데서 사죠. 또 그런 것을 하기에는 동네 가구 수가 너무 적습니다. 아파트 같은 대규모 단지가 있는 데면 모를까 힘들다고 봅니다. 북한산 관련 북카페나 북한산탐방지원센터도 그렇습니다. 과연 서울시에서 여기에다 그런 것을 두려고 할까요? 북한산과 관련된 중심지는 진관사나 수유리 쪽입니다. 그래서 둘 다 불가능하다는 생각입니다."

R이 조목조목 따지며 반대 의견을 제시했다. 나는 다시 고개를 끄덕였다. 여기가 북한산 중심지가 아니라면 북한산 관련 북카페도 역

시 현실성이 없어서였다. R에 이어서는 P도 바로 반대를 했다.

"아까 마을에 너무 생기가 없고 젊은이가 없다는 얘기가 나오면서 새로 생기는 공원에 어린이놀이터를 만들면 좋겠다는 얘기가 나왔는데요. 그런 면에서 보면 실버체육시설은 아닌 것 같습니다. 굳이 그것을 하지 않더라도 지금 이 동네에는 노인들을 위한 체육시설들이 여러 곳에 마련돼 있잖아요."

이번에는 상가관리이사 M이 나섰다.

"결국, L샘이 낸 의견은 현실성도 부족하고 미래 지향성도 담보하지 못한 의견이라는 얘긴데요. 저도 비슷한 생각을 가지고 있습니다. 하지만 우리가 상가를 통해 공공적인 의미를 담아가야 한다는 것에 대해서는 그 가능성을 열어놓고 쭉 생각했으면 좋겠습니다."

M의 말에 사람들이 그렇게 하자고 한목소리를 냈다. 상가의 공공성 문제에 대해 별다른 안이 없는 나도 그중에 하나였다. 무엇이 있을까, 하는 오래된 물음만 마음속에 꼬리를 길게 늘어뜨렸다.

변화
하다

1 구름정원 주택 상가에 들어온 커피집 풍경이다.
  화단에 작은 꽃들이 앙증맞게 피어 있다.
2 실내 모습으로 창으로 내다보이는 꽃들과 공원
  모습이 어여쁘다.
3 아래쪽에서 올라오며 찍은 커피집 모습.

4 커피콩을 볶는 자리.
5 건물과 잘 어울리는 커피집 간판.

변화
하다

조직의 민주적 운영

○ 　　　회계이사인 P가 여느 때처럼 밴드에 모임 공지를 올렸다. 그런데 다음 날 전무이사 R이 안건이 없는 관계로 모임이 취소됐고 2주 후에나 모임을 갖겠다는 휴대전화 문자를 돌렸다. 달력을 보니 지난번 만난 후 무려 한 달이나 공백이 생기는 꼴이었다. 우리가 집 짓는 것을 매개로 만나긴 했지만 우리 스스로 모임 내용을 채워가야 할 것들이 많았기에 이래도 되는 것인지 걱정이 되었다.

"협동조합에 대한 강의를 듣기로 했는데 모임 취소라니요? K샘, 강사 섭외가 안 된 건가요?"

P가 물었다.

"협동조합 강의는 0월 4일입니다."

K가 대답했다.

전무이사가 회계이사랑 이야기도 안 하고 모임을 취소했다는 건가, 하는 생각이 든 나는 눈을 똥그랗게 떴다. 어째서 일을 그렇게 하는가 싶어서였다. K도 그랬다. 강의가 0월 4일이면 왜 그런지 설명을 해줘야 할 게 아닌가?

내가 여러 의문을 품고 있을 즈음 P가 회계이사를 그만두겠노라고 밴드에 글을 올렸다. 회사에서 점심시간 외출을 한 달에 한 번으로 제한해서 은행 업무를 보기 힘들다는 것이었다. 그게 본질적인 이유가 아니라는 것은 모두들 아는 터, 난감했다. 이 일 말고도 R과 P

는 작다면 작은 일이고 크다면 큰일로 여러 번 갈등을 겪어왔기 때문이다.

나는 P에게 바로 전화를 했다.

"P샘, 왜 그래요?"

"말씀드렸다시피 회사에서 점심시간에 마음대로 외출을 할 수가 없어요. 우린 공동명의 통장이라서 은행까지 직접 가야 일 처리를 할 수 있잖아요."

"그거야…… 그래도 여태껏 잘해왔잖아요."

"……"

"정말 그만둘 생각이에요?"

"네."

나는 더 이상 뭐라 하는 것도 그래서 알았다고 하고는 전화를 끊었다. 나와 비슷한 심정이었던 걸까? P가 회계이사를 그만두겠다고 하는데도 사람들은 P의 글에 아무런 반응을 보이지 않았다. 그러자 이를 참지 못한 P가 사흘째 되는 날 장문의 글을 올렸다.

0월 16일 이번 주 모임을 공지하였습니다. 간혹 기억 못하는 분이 계셔서 이번에는 친절하게 조금 일찍 했습니다. 배려라고 생각했습니다. 또 이번 모임에는 간식으로 뭘 사야 되나 생각하고, 은행 가서 송금하는 것은 언제 가야 근무시간과 겹치지 않고 처리할 수 있을까 고민하였습니다. 그러나 저의 이런 노력들은 존중받지 못했습니다. 0월 20일의 모임이 일방적으로 취소되었으니까요.

협동조합 강의 건은 한 달 전에 공지되었습니다. 그런데 강의가 0월 4일로 옮겨졌다며 0월 20일의 모임을 취소한다는 문자를 뒤늦게 보냈습니다. 일 처리가 늦어진 것도 그렇지만 일이 그렇게 되었다면 이번에 하기로 한 협동조합 강의가 왜 0월 4일로 미루어졌는지 먼저 얘기됐어야 한다고 봅니다. 더불어 특별한 사안은 없지만 모임을 진행할 것인지 취소할 것인지에 대한 의견도 물었어야 한다고 여겨집니다. 80가구도 아닌 8가구에 의견을 묻는 것이 그렇게 어려운 일이었는지요?

살다보면 이런 일이 또 발생하지 않으리란 법 없습니다. 여덟 세대 의사를 묻는 것이 앞으로는 잘 지켜지면 좋겠습니다. 의견을 나누다보면 불신과 오해는 생기지 않을 테니까요.

회계이사를 다른 분으로 정해달라고 하는 제 의견에도 아무도 대답을 하지 않고 있습니다. H샘이 전화하셔서 저의 의사를 말씀드렸고 O샘이 전화하셔서 제가 어려울 때 도와줄 수 있으니 하던 사람이 하는 게 좋지 않겠느냐고 하신 게 전부입니다. 다들 남의 일이라고 생각하시나요? 의견 주시면 고맙겠습니다.

어떤 식으로든 마음을 담은 글이 올라오자 무슨 말을 해야 할지 모르겠어서 대답을 하지 못했노라며 사람들이 의견을 쏟아냈다. 제일 먼저 Q는 모임의 일방적 취소로 어리둥절했다며 P와 똑같이 모임을 할지 말지 의논이 필요했다고 했다. 그리고 자신은 교사이니 방학이 되면 P의 은행 업무를 도와주겠노라고 했다. 어떤 이유에서건 회계 업무가 그렇게 분산되는 것은 바람직하지 않다고 생각한 나는 P

의 사정이 여의치 않으면 우리 집이 회계를 맡겠노라고 했다. 그러자 R이 강의 건은 강사가 시간이 안 된다고 해서 그렇게 되었노라고 했다. 강사 섭외를 맡았던 K도 나섰다. 진작 서둘러서 강사 섭외를 했어야 하는데 강의를 듣기로 한 주에야 연락하게 되었고 이로 인해 매끄럽게 일 처리가 되지 못해 죄송하다는 말을 남겼다.

모임 운영의 민주적 절차에 대한 이야기를 더 나누었으면 어떨까 싶었지만 잘못하여 더 큰 문제로 불거지면 어쩌나 싶어서 나도 회계 문제 이상은 제기하지 않았다. 그 후 여러 차례 의견 교환을 거쳐 회계이사는 그대로 P가 맡기로 했다. 다만 회계이사가 회의록까지 작성해야 하는 등 일이 너무 많으니 교사들이 방학하는 때는 은행 업무를 도와주는 것으로, 모임 때 간식을 사 오는 일은 거리가 가까운 O가 P를 도와 함께하기로 했다.

개인 공간과 공용 공간

○　　　3층 벽과 4층 바닥의 콘크리트 타설 시기가 다가왔다. 이제 곧 4층이 만들어진다는 얘기였다. 2층 사람들은 창까지 난 집을 보며 즐거워하고, 3층 사람들은 이제 곧 드러날 집을 바라보며 들떠 있었으며, 4층 사람들은 우리 집도 이제 시작이라는 생각으로 기대에 차서

변화
하다

건물을 쳐다보았다.

우리가 각자 집에 그렇게 정신이 팔려 있을 때 M이 모두 까맣게 잊고 있던 문제를 제기했다.

"전에 L샘 집과 사랑방 사이에 난 문에 대해 이의 제기가 나오고, 사랑방이 공동의 공간이니 막는 게 좋겠다고 의견을 모았었는데요. 이게 최종 설계에 반영되어 있나요? 확인이 필요한 것 같습니다."

그런 얘기를 언제 했지? L 집과 사랑방 사이에 문이 있었던가 하는 생각으로 나는 멀뚱멀뚱 눈을 굴렸다.

"저희가 의견을 모았을 때 L샘이 개인 일로 피곤해서 일찍 들어가셨는데요. 그 후 제가 두 차례 문을 벽으로 막는 게 좋겠다는 의견을 전달했습니다. 그런데 L샘이 이에 대해서 아직 답을 주지 않으셨습니다. 다시 얘기를 전달하고 의견을 듣도록 하겠습니다."

R이 대답했다. 그제야 나는 설계 초기 피곤하다고 일찍 들어가던 L의 모습과 문 얘기를 했던 것이 떠올랐다. 그 얘기가 나온 게 언제인데 여태껏 의견을 주지 않는다는 것인가 싶어서 설계도를 보니 역시 L 집과 사랑방 간에는 문이 표시돼 있었다. M이 이를 기억해냈기에 망정이지 공용 공간과 개인 집 사이에 문이 날 뻔하였다.

얼마 지나지 않아 L이 밴드에 대고 한마디 했다.

"나는 방화문을 내겠다고 분명히 말했는데 내 말은 무시하기로 한 겁니까?"

그러자 얘기를 꺼낸 M이 발끈해서 대꾸했다.

"아니 그럼, L샘은 일곱 가구의 의견을 무시하겠다는 건가요?"

R이 바로 진화에 나섰다.

"이 문제는 만나서 의논하는 게 좋겠습니다."

곧 4층이 올라가는데 언제 또 다 같이 만날 새가 있지?

나는 그 생각을 했고 M은 자신이 할 말을 했다.

"사랑방은 L샘의 개별 공간이 아닌 여덟 가구의 공용 공간입니다. L샘네 집 옆에 붙어 있다고 해서 그 공간과 자기 집이 통하는 문을 마음대로 낼 수 없어요. 그러니 L샘은 다른 이들의 뜻을 무시하지 말고 따라주시기 바랍니다. 공용 공간을 사용하는 사람들이 그쪽에서 언제 문을 열고 들어올지 몰라서 불안해집니다."

그것을 읽었는지 어쨌는지 L은 밴드에 다시 나타나지 않았다.

P가 M의 이야기를 이었다.

"L샘이 왜 그곳에 출입문을 만들려고 하는지 아시는 분 있나요? 이유가 궁금하네요."

그러고 보니 그것 또한 궁금한 일이었다. 공용 공간과 자기 집으로 통하는 문을 만들어도 정말 괜찮다고 여겨서 그러는 건지 다른 생각이 있어서 그러는 것인지 알 수 없어서였다. 남들 같으면 여러 사람이 사용하는 공간이 옆에 있어서 시끄러울 테니 벽은 물론 방음장치까지 해달라고 요구할 사안이었다.

곰곰 생각하던 나는 남편에게 문자를 보냈다.

'시간 되는 사람들이랑 오늘 저녁에라도 L샘을 찾아가서 얘기 나눠보는 건 어떨까?'

'난 회사에서 행사 있어. T샘도 시간이 안 된다고 하고.'

변화
하다

근심이 되어 서로 연락을 하던 차에 다행스럽게도 K가 시간을 내서 L을 찾아갔다. 공사장 근방에서 1차 술자리를 가진 후 L이 살고 있는 집으로 가 커피도 얻어 마셨다고 한다. 그 후 둘은 다시 집을 나와 만남을 가졌다.

"L샘, 사랑방하고 샘네 집 사이에 있는 문 말인데요. 아무래도 그거 없애는 게 좋겠어요. 샘도 아시다시피 개인 공간하고 공용 공간 사이에다 문을 내는 경우는 없잖아요."

"도대체 그걸 왜 싫다는 거예요?"

"샘은 그럼 그걸 왜 그렇게 고집하시는데요. R샘이 두 번이나 얘기했다면서요."

"우리가 모임 하고 그럴 때 거기서 뭣도 먹고 그럴 거 아닙니까? 그러면 우리 집에서 김치도 내가고 차라도 내갈 수 있잖아요."

"그래서 문을 내려고 하는 거예요?"

"그럼요!"

"네, 좋습니다. 좋은 생각이에요. 그런데 요즘은 사람들이 자기 생활 침해받는 거 싫어해요. 공용 공간에서 맘 편히 놀고 싶은데 어느 개인 집과 그곳이 연결돼 있다고 생각해봐요. 기분이 어떻겠나. 김치나 그런 거는 그 공간 쓰는 사람들이 알아서 가지고 오면 되는 거고. 그래서 일곱 가구가 모두 문 내는 것을 반대하는 거예요. 거기가 L샘 개인 공간이라면 누가 뭐라 하겠습니까?"

"그래, 그럴 수 있다 쳐요. 근데 왜 그걸 나도 없는 자리에서 결정하냐고? 난 그게 기분 나빠요."

L이 쉽게 동의해주지 않는 자신의 심정을 그제야 토로했다. K는 고개를 끄덕이며 회의 때 어떤 상황이었는지를 얼른 상기시켰다.

"그날요, 샘이 피곤하다고 일찍 가셨잖아요. 그래서 그렇게 된 거죠. 우리가 일부러 그런 게 아니라. 암튼, L샘이 계실 때 다시 얘기했어야 하는데 그러지 못한 점은 우리가 잘못했네요. 그리고 일곱 가구가 모두 문을 안 두고 벽으로 막았으면 하니까 L샘도 이제 그만 받아들여주세요."

"알았어요. 그 수밖에 더 있겠어요? 다들 그걸 원하는데."

L은 K의 그 말을 듣고서야 다시 마음을 열었다. 사랑방과 L 집 사이가 벽으로 막히게 된 것이다.

다름을 인정하자

O가 주도한 MBTI성격유형 검사가 유쾌하게 끝났다. 강의료로 한 턱 내겠다는 O의 제안에 우리는 모두 맥줏집으로 몰려갔다. 누구는 세상의 소금형이어서 주변 정돈을 잘한다는 둥 누구는 아이디어 뱅크형이어서 늘 아이디어를 잘 낸다는 둥 하면서 한참 이야기꽃이 필 무렵, 집에 갈 일이 걱정된 내가 남편을 향해 물었다.

"XYZ, 우린 11시 30분쯤 일어서면 되지?"

201

남편이 대답을 하기도 전에 O가 말했다.

"왜 남편 이름을 함부로 불러요? 그리고 반말을 하면 돼요? 남자한테 말이야."

기가 막힌 나는 O를 빤히 쳐다보았다. 이와 똑같은 말을 나는 벌써 네 번째 듣고 있었다. 좋은 말도 여러 번 하면 흉으로 들린다는데, 자신의 가치관을 남에게 강요하지 말라는 내 말을 무시하고 어찌하여 계속 반복한단 말인가?

"이것 보세요, O샘! 내가 남편의 이름을 부르든, 반말을 하든, O샘이 무슨 상관이죠? 제가 분명히 나는 그렇게 생각하지 않으니 더 이상 그런 말 하지 말라고 했죠? 사람이 분명하게 자신의 의사를 밝히면 받아들일 줄도 알아야죠. 왜 받아들이지 못하고 그러는 거죠? 벌써 몇 번째예요?"

흥겹던 분위기가 여름날 먼지 날리는 마당에 물을 뿌린 듯 사그라 졌고 사람들은 긴장한 얼굴로 O와 나의 언쟁을 듣고 있었다.

"맞습니다. 다름을 인정해야지요. 자신이 이렇게 생각한다고 해서 남한테 그 생각대로 하라고 훈계하는 것은 옳지 않은 일입니다. 생각은 다 다른 거니까요."

팔짱을 끼고 앉았던 T가 O를 바라보며 끼어들었다. O가 언제 훈계를 했냐며 T를 마주 바라봤다.

"좀 전에 그랬잖아요!"

조용히 앉았던 사람들이 한목소리를 냈다. 어느덧 이제는 내가 사람들과 O간에 벌어지는 언쟁을 듣는 입장이 되었다.

사람들에게 하나같이 반대의 말만 들은 O가 다시 입을 열었다.

"그런 식으로 하면 다른 사람들이 배워서 우리 분위기가 다 그렇게 될 거 아닙니까? 그러니까 그러죠."

"배우다니요? 여기 있는 사람들이 전부 바봅니까? 모두 자기 생각 가지고 사는 사람들이에요. 그리고 남자가 뭐가 그렇게 대단합니까?"

이번에는 목청이 큰 R이 O를 향해 천둥이라도 치듯 화난 목소리를 높였다. O가 입을 다물었고 흥분한 사람들은 맥주를 벌컥 들이켜며 일하는 사람을 불렀다. 역시 긴장을 한 채 고성이 오가는 우리 자리를 바라보던 젊은이가 주문을 받으러 왔다. 곧 여러 잔의 맥주가 탁자 위에 놓여졌다.

"이건, 우리 부부 문제이고 난 아무 상관이 없으니까 O샘은 더 이상 이 문제로 왈가왈부하지 마세요."

조용히 있던 남편이 한마디 했다.

"왜들 그래? 사이좋게 지내지."

옆에 앉아서 가만히 이야기만 듣고 있던 L이 O를 잡아 일으켰다. 담배나 피우자며 얼른 밖으로 데리고 나갔다.

급히 잔을 비운 사람들이 날라져 온 맥주를 들이켰다. 나도 벌컥벌컥 마시고 난 끝에 조용히 입을 열었다.

"우리가 앞으로 함께 살 텐데요. 자신의 가치관과 맞지 않다고 해서 이런 식으로 자기 생각을 강요하는 일은 없었으면 합니다. 저는 이 문제가 공동체로 살아가는 데 첫 번째 원칙이 될 수 있다고도 생

203

각해요."

"맞습니다. T샘이 말씀하신 대로 다름을 인정하는 건데요, 바로 이런 경우에 해당하는 겁니다. 오늘 MBTI성격유형 공부를 했는데 사실 여기서 우리가 살아 있는 공부를 한 셈이네요."

"그러게요."

끊어졌던 이야기가 어느덧 다시 솔솔 피어났다. 맥줏집에서 틀어놓은 오디오의 노랫소리도 그제야 쿵쾅거리며 들려왔다.

상량식

O와의 일로 전날 모두 새벽까지 과음을 했음에도 우리는 오전 10시 이사장과 만났다. 방문 손잡이, 현관문 잠금장치, 조명을 구경하고 욕실용품들을 선택했다. 오후 2시에는 지친 몸을 이끌고 다시 공사 현장으로 이동했다. 상량식이 있는 날이었기 때문이다. 상량식을 하고 나면 인부들이 술을 한잔씩 하는 까닭에 일 끝나는 시간에 맞추어 고사를 지내기로 했다.

건물은 4층 지붕만 남겨두고 완성되어 있었다. 2, 3층은 안의 거푸집까지 뜯어냈고 4층은 아직 안팎의 거푸집이 그대로 남아 있는 상태였다. 우선 나는 우리 집 2층을 올라가 휘익 둘러본 후 복층으로 올라갔다. 작업실 발코니로 통하는 커다란 유리문틀 앞에서 휘청 늘어진 소나무들을 본 후 안방의 유리문틀 안으로 그림처럼 들어오는 소나무들을 구경했다. 올 때마다 무슨 의식을 치르듯 꼭 한 번씩 해보는 일이었다. 그러고는 나와서 3층 맞은편에 있는 T의 집, 계단을 사이에 두고 있는 Q, K의 집에 들어가 본 후 2층 집들도 한 바퀴 순례했다. 4층 안의 거푸집이 제거되면 이제 4층까지 그 행진이 이어질 터였다. 어느 집 하나 똑같질 않아 볼 때마다 재미를 더해주었다.

고사상을 차리기로 한 주차장에 모인 우리는 서둘러 수박을 다듬고 떡과 돼지고기를 썰기 시작했다. R의 집 막내까지 나서서 음식 나르는 일을 하고 초에 불이 켜지자 고사가 진행됐다. 기공식 때와는 달리 인부들, 우리, 이사장, 건축가, 시공사의 부이사장이 낀 간단한 의식이었다.

변화
하다

"저희 조합원들은 지금껏 얼굴도 모른 채 살아오다
하우징쿱주택협동조합을 통해 만났나이다.
하우징쿱주택협동조합의 정신을 믿었고, 자연 좋은 곳을 사랑했기에
이곳에 둥지를 틀기로 했나이다."

마치
다

6

총 점검의 날

○　　장마가 온다는 소식에 부지런히 지붕을 덮는 콘크리트 타설 작업도 끝내고 4층 외벽의 거푸집도 제거했다. 현장에는 실내 인테리어를 전문으로 담당할 소장도 새로 배치되었다.

　　모두들 무더위를 피해 휴가를 가기 시작하는 시기, 우리는 다시 공사 현장을 찾았다. 건축가, 이사장과 함께 모여 건축물 최종 점검을 하기로 했기 때문이다. 변경하고 싶은 것을 바꿀 수 있는 마지막 기회였다.

　　우리는 현장 위 공원이 생길 자리의 나무 그늘 아래 둘러앉았다. 모기들이 종아리를 쉼 없이 물어뜯었다. 다들 종아리를 탁탁 치거나 흐르는 땀을 훔쳐가며 제 이야기를 하거나 남 이야기를 들었다. 산이 바로 위라서 아래쪽 상가보다는 2도나 낮다고 하는데도 무척이나 무더웠다.

　　"가스레인지를 전기레인지로 바꾸기로 했습니까?"

　　얘기가 잠시 중단되었을 때 건축가가 옆에 앉은 나에게 물었다.

　　"네."

　　나는 대답을 하며 아차 싶었다. 이 건축물에 대해 전반을 총괄 지휘해야 할 건축가가 레인지를 무엇으로 하는지 모르고 있다니! 이사장, 현장소장과 함께 그 결정을 내릴 때 건축가가 없었다 하더라도 이야기 전달은 되어야 했다.

"얘기를 좀 해주시지……."

건축가가 말끝을 흐렸다.

"저는 당연히 얘기가 된 줄 알았어요."

"어쩌면, 우리 사무실에서 회의에 나갔던 X대리가 전달을 안 했을 수도 있습니다."

"네……."

나는 X대리가 참석했다 하더라도 설계를 맡은 건축가에게 이런 사실을 따로 알렸어야 하지 않는가 생각하며 대답했다. 마음이 편치 않았다. 하우징쿱 PM은 건축가, 시공사, 조합원들의 의견 조율과 매개체 역할을 해야 함에도 시공사 대표인 이사장이 우리 모임에 가끔 참석하면서부터는 그 경계가 거의 없어져버린 탓이었다.

혼자 시공사 대표하랴 하우징쿱 이사장하랴 이사장이 눈코 뜰 새 없이 바쁘다는 것을 알면서도, 나는 한동안 잊고 있던 생각들을 곱씹으며 자리에서 일어났다. 얘기를 좀 해주시지 하던 건축가의 표정이 스쳐갔다. 협동조합은 자존감을 잃지 않고 일반적인 직장생활을 할 수 있는, 자본주의 사회에서 다른 방식으로 삶을 살 수 있는 길을 열어준다던 C선생의 협동조합 강의가 생각났다. 자발성이란 말도 생활 속의 민주주의를 경험하는 곳이란 말도 떠올랐다. 우리는 지금 우리나라 역사상 처음이라는 주택협동조합에서 집을 지으며 그런 것들을 얼마나 실현하고 있는가라는 물음이 파도처럼 몰려왔다.

"저게 어떻게 된 거예요?"

내가 창문틀이 드러난 우리 건물을 멍하니 올려다보고 있는데 P

211

마치
다

의 목소리가 났다.

"뭐가요?"

나는 큰일이 난 듯한 표정인 P와 P가 바라보는 우리 건물을 번갈아 보며 물었다.

"저거요, 나무! 상수리나무가 창문 앞까지 있었잖아요. 창문도 반쯤 가려주고 멋지기도 하고 정말 좋았는데 누가 잘랐지요?"

"정말 그러네요. 세상에, 완전히 잘라내 버렸네. 보기가 좋아서 부러웠었는데. P샘네 거실 쪽이어서 금방 아셨구나. L샘! L샘!"

나는 마침 개를 데리고 주위를 어슬렁거리는 L을 발견하고 소리쳐 불렀다. L이 대답하며 다가왔다.

"저기 나무 누가 잘랐어요?"

"창문을 가리기에 제가 잘랐어요."

L이 칭찬받고 싶은 아이 얼굴을 하고 싱글벙글거렸다. P가 이내 울상이 되어 소리를 질렀다.

"그걸 자르면 어떡해요? 그 좋던걸!"

"말을 하지."

"언제 물어보기나 했어요?"

P가 여전히 싱글거리는 L을 향해 빽 소리쳤다. 북향은 소나무가 있어서 좋았지만 동향은 동향대로 산과 창에 닿을 듯 가까이 있는 상수리나무 덕분에 얼마나 좋았던가? 잎이 자라고 꽃이 피고 열매를 맺으며, 잎이 물들다 떨어지는 사계절을 바로 창 앞에서 볼 수 있다는 것은 축복 중에 축복이었다. 아파트 낮은 층에 사는 이들을 보면 그

것 때문에 많이 부러워하기도 했다. 이곳에 와서 살고자 하는 주요한 이유 중의 하나가 바로 그런 것인데 어찌 사람들의 의사도 물어보지 않고…… 나도 어이가 없어서 핀잔을 주듯 했다.

"그거 그만큼 자라려면 얼마나 많은 시간이 필요한데요. 자르려거든 L샘네 창문 앞이나 자르지 왜 다른 사람들 창문 앞까지 다 잘라버렸어요?"

"미, 미안합니다."

무안했던지 L이 그 말을 남기고 뒤돌아섰다. O의 목소리가 그 뒤에서 났다.

"L샘, 저 앞에 상수리나무 가지 L샘이 잘라냈어요?"

나는 그 소리를 들으며 마치 팔 두 개가 잘려나간 듯한 상수리나무의 굵은 줄기 끝을 바라보았다. 사람이 사람과 함께 무언가를 한다는 게 참 쉽지 않구나 싶어졌다. 사실은 아주 간단한 건데도 그랬다. 협동조합을 먼저 했던 사람들은 그래서 교육의 중요성을 입이 닳도록 얘기한다고 했다.

마치
다

낮은 집들과 그 뒤의 산과 하늘이 시원스레 내다보이는 303호의 거실 창문.

"구름정원 주택의 또 다른 특징은
어느 집에서든 아름다운 풍경을 누릴 수 있다는 것이다. "

1, 2 아이 방과 서재에서 송림이 내다보이는
   201호의 창문.
3 작업실 밖의 송림이 잘 보이는 203호의 발
   코니 유리문.

마치
다

1 301호 거실 창문으로 보이는 송
  림들.
2 서재에서 송림과 상수리나무가
  동시에 보이는 401호.
3 안방 창으로 송림이 수려하게 내
  다보이는 402호.

3

마치
나

집 구경

○   일요일인데도 현장에는 인부가 나와 계단에 대리석 입히는 작업을 하고 있었다. 굉음이 울리고 먼지가 날렸다. 함께 집을 구경하려고 온 딸이 기겁을 하고 물러났다. 차에서 기다릴 테니 우리만 다녀오라고 했다.

"너, 정말 여기까지 와서 안 가볼 거야?"

이미 차 안으로 쏙 들어간 딸을 향해 내가 물었다.

"응."

휴대전화에 얼굴을 처박은 딸이 무심히 대답했다.

우리는 더 이상 이래라 저래라 하지도 않고 안 갈 거냐고 다시 묻지도 않은 채 건물 안으로 향했다. 그런 식이면 말해봐야 귓등으로도 듣지 않는다는 것을 잘 알고 있기 때문이었다. 갑자기 날이 더욱 무더워지는 것 같았다.

"쟤는 저럴 거면서 뭐하러 왔대?"

"그러게 말이야. 오겠다고 하지 않았으면 우리도 굳이 오지 않았을 텐데."

"누가 아니래."

어쩔 수 없이 또 애 말을 하며 집으로 들어섰다. 이제는 좀 달라졌나보다, 생각하고 다가가면 또 그대로여서 속을 상하게 만드는 존재. 나에게 자식은 그런 것 같았다. 기공식을 보여주지 못해서 안타까웠던 마음도 다 덧없고 혼자 하는 사랑이지 싶어졌다.

엄마 아빠가 1년 가까이 집 짓는다고 쫓아다니며 애를 쓰던 현장에 왔는데, 건물도 올라가고 우리 집의 모양도 얼추 나왔다는데, 궁금하지도 않은가? 예의로라도 봐줘야겠다는 생각은 안 드나?

송림을 내다보며 생각에 잠겼던 나는 어느새 다시 홀린 듯 다른 집들을 구경하기 시작했다.

"저 삼각형 땅을 텃밭으로 이용할 수 있으면 좋았을 텐데."

R의 집 발코니에 섰을 때 아래를 내려다보며 내가 말했다.

"삼각형 땅은 고사하고 저쪽 빌라 앞의 땅이라도 우리가 농사지으면 얼마나 좋아? 텃밭이라고 얘기하려면 그 정도는 가까워야 그리 말할 수 있는 건데 말이야."

남편도 나처럼 R의 집 발코니 앞에 서서 중얼거렸다. 텃밭위원장인 Q의 말에 따르면 두 땅 다 농사짓는 사람이 있어서 안 된다는 것이었다. 우리가 동네텃밭이라고 부르는 5분 거리에 위치한 밭도 내년 봄 농사를 지을 때나 되어야 가부를 알 수 있다고 했다. 여차하면 15분이나 걸어야 갈 수 있는 갈현텃밭까지 가야 할지도 몰랐다. 우리가 집을 짓고 함께하고자 했던 중요한 일 중의 하나였는데 그렇게 되면 텃밭을 하겠다는 집이 몇이나 될지 알 수 없었다.

4층의 O와 L 집까지 다 돌았다. 지난번에 왔을 때에 비해 크게 달라진 게 없었다. 그래도 현장은 여전히 바빴다. 내부 작업은 외부 건물 올라가는 것과 달리 시간이 무척 많이 걸린다고 했다.

"이제 그만 가자. 늦게 왔다고 또 난리 칠라."

마치
다

본 곳을 다시 훑어보고 있는 나를 남편이 잡아끌었다.

"알았어. 그럴 것을 왜 따라와가지고는 우리 맘대로 움직이지도 못하게 해?"

내가 투덜거리며 계단을 내려섰다. 이대로 인천으로 내려가야 한다고 생각하니 화가 났다. 애가 오지 않았다면 이렇게 시간이 넉넉한 날엔 향로봉이라도 올랐을 것이기 때문이다.

바꿀 것인가, 말 것인가?

○ 이사장과 조명에 대한 검토가 끝나고 났을 때 현장소장이 할 말이 있다며 불렀다. 남편과 나는 이사장, 인테리어소장, 현장소장과 함께 우리 집 복층인 3층으로 들어갔다.

"첫째는 여기 안방 슬라이딩문인데요. 너비가 길어서 이대로는 침대등을 달 수 없습니다. 등에 걸려서 문이 다 열리지 않거든요."

안방에 들어간 현장소장이 설계도를 펼치며 말했다.

"문이 침대등에 걸려요?"

내가 설계도를 보며 물었다.

"네, 그래서 제 생각은 여기 이만큼까지 벽돌로 벽을 만들고 슬라이딩문의 너비를 줄였으면 합니다."

"그렇지. 문 크기는 그 정도여도 돼."

옆에서 이야기를 듣던 이사장이 고개를 끄덕였다. 내 머릿속으로는 건축가가 분명 길이를 재서 설계했을 텐데 어떻게 그런 일이 생길 수 있나 하는 의문이 스쳤다.

"다음은 여기 작업실과 안방 사이의 슬라이딩문인데요. 여기도 슬라이딩문의 넓이 때문에 콘센트 설치를 할 수 없습니다. 여기도 안방문처럼 벽을 쌓고 문의 넓이를 줄여서 문제 해결을 했으면 합니다."

"음, 좋은 생각이네. 문이 그렇게 클 필요는 없잖아?"

현장소장과 이사장이 다시 이야기를 나누었다. 내 머릿속은 혼란스러워졌다. 건축가가 설계하며 어떻게 그 계산을 제대로 하지 않았을까 하는 의문도 다시 스쳤다.

"다음으로는 현관문 앞에 있는 슬라이딩문인데요. 굳이 없어도 되는데 그게 왜 거기 달리는지 모르겠습니다."

"그렇네. 문 하나에 30만 원씩 하는데 쓸데없이 돈을 쓸 이유가 없지."

현관문 앞의 슬라이딩문 얘기를 들었을 때는 나도 고개를 갸웃거렸다. 왜 그 문이 거기 있어야 하는 걸까? 그런 설계에 대해 분명 건축가가 뭐라고 얘기를 했는데 그 내용이 전혀 생각나지 않았다.

"어떠십니까? 그렇게 하시겠습니까?"

현장소장이 나와 남편을 보며 물었다. 내가 대답했다.

"그런데요. 안방 같은 경우는 나중에 작업실과 터서 서재로 꾸

221

미려고 하는데요. 지금 벽돌로 그렇게 막으면 이상하지 않을까요?"

"그땐 벽돌을 허물면 되죠."

이사장이 대답했다.

"벽돌을 또 허문다고요? 글쎄요, 지금 당장 뭐라고 말씀드리기가
그런데요. 생각을 좀 해봐야 할 것 같습니다."

설계를 할 때는 아무 문제없었기에 나는 우선 그렇게 대답했다.

"문 신청을 할 거니까 빨리 대답을 주셔야 합니다."

여름볕에 시커멓게 탄 얼굴로 현장소장이 강조했다.

마침 점심시간이어서 현장소장, 인테리어소장 그리고 우리 부부
는 인부들이 함바집으로 이용하는 식당으로 점심을 먹으러 갔다. 점
심을 먹는 내내 나는 그리 잘 볼 줄도 모르는 설계도를 들여다보며
현장소장이 한 얘기를 생각했다. 현관문 앞의 슬라이딩문이 굳이 필
요 없는 거라면 없애도 되리란 생각이 들었고, 안방문과 안방과 작업
실 사이의 간지문이 너무 커서 침대등이나 콘센트를 설치할 수 없다
면 줄이는 수밖에 없겠다는 생각이 들었다.

"어떻게 생각해?"

공사장으로 돌아오는 길, 남편에게 속삭였다.

"문 값도 비싼데 굳이 필요하지 않은 거는 없애고 문제가 있는 것
은 현장소장 말대로 줄이기로 하지. 무슨 딴 생각 있어?"

"아니, 나도 같은 생각이야. 그럼 소장한테 얘기할게."

나는 소장을 불렀다. 그의 말대로 하겠노라고 했다. 그리고 복층
을 또 한 번 돌아본 후 공사장을 떠났다.

222

집으로 돌아오면서도, 돌아와서도 나는 내내 설계도만 들여다보았다. 그러다 문득 눈에 들어온 것이 있었으니 바로 복층 계단이었다. 안방문이 계단에 맞추어서 길이가 나 있었던 것이다. 그것을 보니 빛 때문이라는 생각이 바로 들었다. Q의 집처럼 계단 끝에 창문을 낼 수 있다든지, T의 집처럼 벽과 벽 사이에 계단이 있는 게 아니어서 큰 영향이 없다면 모르지만 우리 집은 그게 아니었다. 문을 크게 내어 안방 창문의 빛이 복도와 계단을 비추게 하는 수밖에 없었다. 그런 것이라면 문의 크기를 줄여서는 절대 안 되는 것이었다. 그때서야 하나의 공간으로도 쓸 수 있고 필요에 따라 나누어서 쓸 수도 있는 공간으로 설계된 것이란 건축가의 말이 생각났다. 그리고 문이 또한 그 역할을 하고 있다는 것도 알 수 있었다. 만약 이 공간을 방 두 개 만든답시고 작은방 옆에 큰방 하는 식의 단순한 구조와 문으로 나누었다면 얼마나 멋없고 답답했을까 싶어졌다.

그렇다면 현관문 앞의 슬라이딩문은 무엇인가? 나는 그 의문이 해결되지 않은 채 건축가가 만든 조명설계도를 보았다. 거기에는 침대등이 없었다.

그랬구나. 침대등 때문에 문이 다 안 열리는 거였어. 문이 커서 침대등에 걸리는 게 아니고. 설계자가 풀어야 할 조명을 다른 이가 해결하니 이런 일이 생긴 거로구나. 설계의 기본 철학과 방향이 중요하지 등 하나 때문에 그 철학을 뒤바꾸는 일을 해서는 안 되지.

안방문 문제의 해결점을 찾은 나는 간지문 문제를 살폈다. 설계도를 보니 그거야말로 건축가의 실수였다. 하지만 그 역시 그것 때문

223

에 간지문의 크기를 줄일 게 아니라 콘센트 위치를 복도 쪽으로 조금 더 밀면 해결될 일이었다.

나는 건축가에게 전화를 했다. 현장소장이 했던 얘기와 정리된 내 입장을 말했다. 내 생각대로 안방문이 큰 이유는 빛 때문이라는 것이 확인됐다. 그리고 현관 앞 슬라이딩문은 작업실의 안정감을 위해서라는 답변을 들었다. 그제야 아하! 할 수 있었고 지금 쓰는 작업실이 슬라이딩문이든 중문이든 그런 역할을 하는 게 없어서 늘 불안해하던 생각이 났다.

복층 문 문제에 대한 고민이 끝났다. 원설계대로 침대등을 없애고 전원 콘센트는 복도 쪽으로 더 빼며 모든 문은 그대로 둔다는 것이었다.

MT

o	MT 하루 전이었다. 식사 문제, 교통편, 준비물 등을 얘기하다가 P가 물었다.

"우리 집 강아지 데려가도 될까요?"

"네, 데려오세요."

R이 대답했다. 그러면서 L도 데려올 것 같다고 했다. 강아지를 싫

203호 복층 문들 1 안방에서 찍은 안방과 작업실 사이 슬라이딩문.
2 작업실에서 찍은 안방과 작업실 사이 슬라이딩문.
3 복층에서 찍은 복층 계단 위 슬라이딩문.
4 식당층에서 찍은 복층 계단 위 슬라이딩문.
5 현관문 앞 슬라이딩문.

마치
다

어하는 사람들도 있는데 이렇게 몇 사람이 얘기해서 결정할 사항은
아닌 것 같았다. 강아지 없는 집은 R만 그렇게 대답했기 때문이다.

"다들 데려온다는데 우리 둥이도 그냥 데려가지 그래?"

나의 걱정에 남편이 대수롭지 않게 말했다. 안 된다고 잡아뗀 나
는 이 문제를 다시 밴드의 주제 글로 올렸다.

사랑하는 우리 강아지를 데려가면 조합원들이 싫어하실까요?

역시 R은 데려오라고 했고, P는 다른 이들이 싫다고 하면 자신은
안 데려가겠노라고 의사를 밝혔다. O, Q, T, K는 여전히 대답을 하지
않았다. K는 그 마음을 알 수 없고 T의 경우는 강아지를 키우던 사람
이니 괜찮을 듯했고 O와 Q는 극도로 싫어하는 상태였다.

아침이 되어도 네 가구는 끝내 응답을 하지 않았다. 여덟 가구
중 무려 반이나 되는 수였기에 나는 강아지를 집에 두고 가기로 결
정했다.

의사를 밝히는 게 그렇게 어려운 일인지, 왜 사람이 뭘 묻는데도
대답을 하지 않는지, 그럴 때 물음을 한 사람은 어떻게 행동해야 하
는지 등을 생각하던 나는 맥이 빠졌다. 묻는 말에 대답을 하지 않은
것은 이번뿐이 아니었기 때문이다. 우리가 매일 얼굴 마주보고 이야
기를 나눌 수 있는 상황이 아니라면 이미 의사소통 수단이 된 인터넷
을 적극적으로 이용하는 것도 관계 나눔을 위한 지혜 아닐까? MT에
가면 분명 이 문제를 짚고 넘어가리라 결심했다.

까르르, 재잘재잘…… 차에서 내리자 제일 먼저 우리를 반긴 것
은 아이들 소리였다. 나이 들어가면서 거의 듣지 못하게 된 소리여서

인지 그렇게 반가울 수 없었다. 기공식 때 왔던 R네 아이들과 처음 보는 P네 딸이 와서 그네를 타고 있었다.

"네가 P샘 딸이구나! 너희들도 잘 있었지?"

내가 인사를 하며 지나갔다. P의 딸은 R네 첫째보다 한 살 많은 중3이었다. 사춘기인 R의 첫째는 식식 웃으며 동생들 옆에 가만히 있었고 엄마를 닮은 R의 둘째와 아빠를 닮은 막내는 누나 옆에 찰싹 달라붙어서 무엇이 그리도 좋은지 연방 웃음꽃을 피워 올렸다.

역시 아이들이란!

나는 짐을 들여놓기 전 아이들을 다시 돌아보았다. 보기만 해도 마음이 행복해져서 그야말로 입이 귀까지 올라가 걸렸다.

좀 있다가는 K네의 늦둥이도 K-1의 품에 안겨 왔다. 사진으로 한 번 보고는 늦둥이도 K-1도 실물은 처음이었다. 성인인 우리 집 딸, L네 아들, K네 남매, O 집 아들을 빼고는 가족들 모두 참석한 셈이었다.

2인 1조가 되어 상대방을 소개하는 자리, 나를 구름정원으로 이끈 힘이 무엇인지 세 개 단어로 적기가 끝나자 우리는 셋씩 팀을 이루어 앉았다. 우리 공동체가 행복해지는 방법에 대해 토론하고 발표하는 시간이었다. 마침 나는 K, R과 같은 팀이 되었다.

"제가 어제 저녁 때 강아지를 데려와도 되느냐고 물었는데요. 구름정원 식구들 네 가구가 이에 대한 답이 없었습니다. 그래서 부정적이라고 생각하고 안 데려왔는데요. K샘은 왜 구성원들의 의견을 묻는 질문에 대답을 안 하셨나요?"

227

"우리는 애가 있잖아요. 개가 오면 애한테 안 좋을 것 같아서요. 애를 물 수도 있고 털도 날리고……."

"그래서 그러신 거예요? 그럼 그렇게 말씀하시면 되지요. 아무 말도 안 하면 그런 K샘의 생각을 누가 아나요?"

"그래도 그런 말을 하기가 좀……."

"그래도 해야죠. P샘은 강아지 데려오는 것을 싫어하면 안 데려가겠다고 했잖아요. 저도 그래서 물은 거고요."

"……"

R이 나섰다.

"그런데 아무 말도 안 하는 걸 꼭 부정적으로 해석할 필요는 없지 않습니까? 그래서 저는 앞으로 밴드에 묻는 말을 올렸는데 대답을 안 하면 긍정하는 것으로 인정하는 게 어떤가 싶습니다."

반대급부로, 그것 또한 우리가 문제를 풀어가는 한 방법이겠다 싶어진 내가 R의 말에 동의했다.

"좋습니다. 그럼 우리 팀의 첫 번째 안은 '밴드에 묻는 말을 올렸는데 대답을 안 하면 긍정하는 것으로 인정한다'라고 하겠습니다."

이런 식으로 각 팀별 토론을 거쳐 나온 내용은 다양했다. 다름을 인정하자, 비정규적인 모임에는 나올 것을 강요하지 말자, 부드러운 대화를 위해 밴드에 질문형으로 글을 올리자, 서로 칭찬해주는 분위기로 가자, 공동체에 대해 지나친 기대를 하거나 사생활을 침해하는 행위는 자제하자, 밴드에 묻는 글이 올라왔을 때 답이 없으면 긍정하는 것으로 간주하자, 공동체의 일을 균등하게 나누자, 갈등이 있을

시 극한까지 가지 말고 화해하자는 등의 이야기였다. 아무래도 아파트나 다세대주택 등의 공동생활과는 다른 밀접한 공동생활이므로 개인과 개인, 개인과 공동체생활 간의 조화를 바라는 게 많았다.

이제 입주할 날도 얼마 남지 않았구나.

어둠 속에 조용히 누워, 가끔씩 K네 늦둥이 성호의 울음소리를 들으며 그런 생각을 하던 나는 1년여를 함께해온 이들과 더불어 잠이 들었다.

밥할머니 축제

○ 부엌 가구들을 비롯한 가구들도 설치되고 오랫동안 공사하던 건물 내부의 청소도 끝났다. 준공을 앞두고 인테리어소장, 이사장과 함께 내부 총 점검을 마친 남편과 나는 밥할머니 축제가 열리고 있는 집 위 공원으로 갔다. 우연찮게도 구름정원 주택이 마무리되는 시점에 맞춰 공원 역시 축하라도 하듯 공사를 끝낸지라 동네는 한결 깨끗해져 있었다.

"축제 이름도 참 이상하지. 코스모스 축제도 아니고, 고추 축제도 아니고, 밥할머니 축제가 뭐야?"

"아까 뭐 벽보 붙어 있는 거 보니까 임진왜란 때 어쩌고 쓰여 있던데?"

229

마치
다

"나도 봤는데 왜 밥할머니인지 그게 궁금하다 이거지."

"그러게."

축제에서는 무언가 먹을 것을 팔기도 했던 모양인데 이미 파장이었다. 남편과 나는 이야기를 나누다 말고 공원 앞 음식점에 앉았다. 눈앞에는 어느덧 가을이 한창 무르익어가고 있었다. 추수를 앞둔 들판처럼 모든 게 풍성하기만 했다. 게다가 공원에는 만국기까지 펄럭이고 있었다.

"아직 안 갔어요?"

L이 공원에서 올라오며 환하게 웃었다.

"축제 끝물이긴 해도 좀 있다가 가려고요. 앉으세요."

L이 옆으로 와 앉으며 우리 건물 쪽을 내려다보았다.

"뭐가 그렇게 급해서 다들 그냥 갔지?"

"그러게요."

남편이 L에게 대답했다.

"피곤하겠죠. 다음 주에도 또 봐야 되고 이사 준비들도 해야 하는데."

나도 끼어들어 말했다. 파장이다 하였더니 천막도 벌써 걷히고 탁자들도 들어냈다. 사람들도 하나둘 자리를 뜨고 있었다.

집으로 돌아온 나는 궁금증을 참지 못하고 밥할머니[5]가 무엇인가 찾아보았다.

5) '치마부대를 지휘한 여성 의병장–
행주치마와 북한산 노적봉 전설의
주인공', 「오마이뉴스」 문화, 박상
진, 2007.08.29.

밥할머니는 중종39년(1544) 지금의 불광2동 연천마을(수양관 아랫마을)의 밀양 박씨로 태어났다. 결혼할 나이가 되자 이웃 마을의 남평 문씨 집안으로 시집을 갔는데 어려운 이웃이 있으면 쌀을 나눠주며 지냈다.

할머니 나이 49세가 되던 1592년 임진왜란이 일어났다. 다음 해 1월, 조명연합군은 한양을 수복하고자 남하하던 중 벽제관부근(지금의 되박고개)에서 왜군에게 크게 패했다. 당시 할머니는 남편과 동네 사람들에게 북한산 노적봉을 노적가리로 위장하고 창릉천 상류에 생석회를 풀게 하였다.

이튿날 아침 할머니는 함지박을 이고 창릉천으로 갔다. 왜병들이 물을 마시러 나왔다가 물이 뿌연 까닭을 물었다. 할머니는 노적봉을 가리키며 조선군 수만 명이 북한산에 주둔해 있는데, 물이 뿌연 것은 쌀 씻은 물이 흘러내려오기 때문이라고 하였다. 반신반의하던 왜군은 할머니가 사라지자 물을 마시고 말에게도 물을 먹였다. 그리고 다들 배탈이 나서 뒹굴었다. 할머니에게 이 소식을 들은 조명연합군은 군사들을 독려하여 진군하였다. 적들은 짚단처럼 쓰러졌고 조명연합군은 한 사람도 상하지 않고 돌아갈 수 있었다고 한다.

보름 후 권율장군이 이끄는 조선군이 왜적과 싸우기 위해 행주산성으로 집결하고 있다는 소식을 들은 할머니는 남편과 함께 인근 마을의 남녀를 동원하여 행주산성으로 들어갔다. 남자들은 관군을 도와 활을 쏘며 싸웠고, 여자들은 할머니의 지휘하에 덧치마를 만들어 입은 후 적에게 퍼부을 돌을 나르거나 물을 끓였다.

이 혼란한 전쟁의 와중에서도 할머니는 여자들을 이끌며 부상병을 치료하고 군사들의 주먹밥을 일일이 만들어 나눠주었는데 그 까닭으로 '밥할머

231

마치
다

니'라 부르게 되었다고 한다. 또한 이때 할머니와 여자들이 입었던 덧치마는 행주치마라 부르게 되었다.

밥할머니 묘소는 불광동 150번지(지금의 불광중학교)에 있었고 재실은 186-2 폭포동 싱아굴에 있었다. 그러나 1975년 후손들이 할머니를 화장하였고 재실은 1957년 화재가 나서 전소되었다고 한다.

행주산성의 행주치마 부대를 이끈 이가 바로 밥할머니야?

자료를 보던 나는 새로운 사실을 접하고 흥분했다. 우리가 살게 될 동네에 이런 여성 의병이 태어나 활동했다니! 앞으로는 북한산과 노적봉을 바라볼 때에도 동네 근방을 산책할 때에도 늘 기억이 날 것 같았다.

준공식

○   R-1이 소속된 놀이패 '흥시렁'이 북과 장구와 꽹과리를 울려대며 길을 나섰다. 그 옆을 '구름정원사람들 주택 준공식'이라고 쓰인 현수막을 든 O와 K가 따라갔다. 높고 쾌청한 가을 하늘이 그들의 머리 위에서 배경화면처럼 밝고 파랗게 빛났다.

동네가 떠들썩하게 사물이 울려대고 놀이패들의 목소리가 골목을 누비는 시간, 준공식을 하기로 한 1층 상가에서는 손님상과 고사상 준비가 이루어졌다. 기공식과 상량식 때 호흡을 맞추던 R-1은 놀이패로 나가고 P는 아이 학교 행사 때문에 나오지 않아 자리에 남은 L-1과 나는 우왕좌왕하며 바빠졌다.

고사상에 얹을 과일과 고기와 떡이 준비되자 나와 L-1은 다시 손님상에 나갈 음식들을 준비했다. 한참 김치, 마늘, 고추를 담고 있는데 웬 여자가 들어오더니 마치 아는 집에 일손을 도우러 온 것처럼 팔을 걷어 붙이고 도왔다.

"저희들이 하겠습니다. 괜찮습니다. 한데 누구신지……."

내가 낯선 그이를 보며 묻자 여자가 대답했다.

"예, 하우징쿱 신임 사무국장입니다."

"그러시군요! 처음 뵙겠습니다."

우리가 알던 사무국장은 아니지만 이렇게 또 인연이 이어지는구나 생각하며 나는 더 이상 그녀를 말리지 않았다. 일손도 없는데 오히려 잘됐다 여기고는 손도 못 대고 있던 떡을 썰기 시작했다. 고기는 미리 준비하면 식으니 조금이라도 나중에 썰어야 하지만 이와 상관없는 떡은 바로 상에 올릴 생각이었다.

대로와 골목을 휘돌던 놀이패의 소리가 점점 가까이 다가왔다. 그 소리만큼이나 마음이 급해질 무렵, 내 옆 고기가 놓인 탁자께로 현수막을 들고 나갔던 K가 들어왔다. 그러고는 의자에 앉더니 말없이 고기를 썰어나가기 시작했다. 익숙한 솜씨였다. 대단한 우군을 만난 듯 그제야 안심이 되었다.

마치
다

놀이패가 고사장 안으로 들어섰다. 빠르게 고기를 썰던 K도 얼른 고사상 앞으로 나갔다. 기공식 때처럼 집례를 맡은 까닭이었다.

"지금부터 구름정원사람들 주택 준공식을 시작하겠습니다. 각 가구 대표들은 나와서 초에 불을 밝혀주시기 바랍니다."

K의 말에 따라 여덟 개의 초에 불이 붙여졌다. 이어서는 이사장인 L이 향불을 피우고 재배했다.

L이 다시 술을 올리고 재배했다. 다음은 축문낭독을 하는 순서였다. 나는 K의 말이 끝나자 고사상 앞으로 나아갔다.

유 세차 갑오년 10월 25일, 불광동에 터를 잡은 우리 구름정원사람들 협동조합은 하우징쿱주택협동조합 관계자들·인터커드 건축사사무소 분들·공정건설 관계자 분들 그리고 여러 이웃과 지인들을 모시고 집이 완공되었음을 천지신명과 북한산 산신령께 고하나이다.

하늘과 땅과 뭇 생명을 돌보시는 천지신명이시여!

대한민국 수도에 자리 잡고 나라를 호위하시는 북한산 산신령이시여!

이 집은 이웃과 더불어 사는 인간다운 주거문화, 주택이 공정한 가격으로 공급되는 민주적인 건설문화를 꿈꾸는 하우징쿱주택협동조합에서 지은 첫 집이옵니다. 1년여의 기나긴 과정 동안 현장 노동자들이 큰 사고 없이 일할 수 있게 돌봐주시고 건축가·시공사·조합원 등 각 주체들 또한 큰 갈등 없이 아름다운 건물을 지을 수 있게 해주셔서 감사하나이다.

터주시여!

저희 조합원들은 지금껏 얼굴도 모른 채 살아오다 하우징쿱주택협동조합을 통해 만났나이다. 하우징쿱주택협동조합의 정신을 믿었고, 자연 좋은 곳을 사랑했기에 이곳에 둥지를 틀기로 했나이다. 그리고 한 식구처럼 자주 만나 설계와 공부도 하고 MT와 노래방도 가고 때로는 서로 언성을 높이기도 하면서 벗이 되고 이웃이 되어 여기까지 왔나이다.

이제 이곳에 입주하게 되는 이들과 그 가족들 모두 하는 일 술술 풀리게 해주시고 건강하게 해주셔서 서로에 대한 애정이 날로 충만하게 해주소서. 그리고 상가에도 좋은 인연을 어서 보내주셔서 조합원들과 함께 정 나누며 이 터를 가꾸게 하소서.

또한 이 주택은 하우징쿱주택협동조합과 그들 뜻에 동조하는 사람들의 노력으로 지어졌으니 이곳에 살게 될 여덟 가구도 그 노고와 뜻을 늘 잊지 않게 하소서. 더불어 여기에 집을 짓겠다고 마음먹었던 초심대로 이웃과 나누는 삶, 자연과 함께하는 삶, 작더라도 마을과 사회에 나를 열고 같이 어울리는 우애 있는 삶을 살도록 인도하소서.

북한산 산신령이시여!

간절히 축원하니 이제 구름정원사람들 주택을 완공하고 떠나는 하우징쿱주택협동조합 · 인터커드 건축사사무소 · 공정건설도 돌봐주소서. 새롭게 설계하고 시공하는 다른 공사들도 무탈하게 진행되게 하시고 조직을 이끄는 기노채 이사장, 윤승현 건축가에게도 지치지 않고 나아갈 수 있는 건강한 몸과 마음을 허락하소서. 그리하여 낮은 자와 정의를 향한 그들의 소중

마치
다

한 꿈이 꿈이 아니라 현실이 될 수 있게 하소서.

이 자리에 오신 여타 분들을 위해서도 기원하나이다. 지위고하·남녀노소를 막론하고 그들 가정이 두루 평안하게 하시고 저희들과 더불어 맘껏 즐기다가 집으로 돌아갈 때는 그 걸음걸음도 끝까지 지켜주옵소서.

하늘과 땅과 뭇 생명을 돌보시는 천지신명이시여!
부디 이곳에 와서 흠향하시고 우리들의 기도를 들어주시옵소서. 엎드려서 간곡하게 바라나이다.

상향

축문이 끝나자 다시 음식 준비하는 곳으로 왔다. 이제는 여분의 음식들을 준비해야 할 시간이었다. 우리나라 최초로 지은 협동조합주택이다보니 구청을 비롯하여 여러 곳에서 손님들이 많이 와 있었다.

그래도 손님상은 다 봐놨으니까.

나는 잠시 망설이다가 2층에 있는 우리 집으로 올라갔다. 편하게 앉아 숨 좀 돌리려는데 3층인 복층에서 사람들 소리가 났다. 그리고 곧 계단을 통해 퉁탕거리며 아래로 내려왔다. 쉽게 볼 수 없는 복층집에 모두들 감탄의 말을 한마디씩 하고 있었다.

나도 집 구경을 하는 사람으로 알았는지 부엌과 거실을 휘 돌아본 사람들이 내 옆을 스쳐 현관문으로 나섰다. 나는 그들의 뒷모습을 보며 다시 의자에 앉았다. 누렇게 물든 나뭇잎을 잠시 내다보고 있는

데 이번에는 현관 쪽에서 사람들이 앞서거니 뒤서거니 들어왔다. 집집마다 깊어가는 가을과 송림이 내다보이는 창들, 흔하게 볼 수 없는 복도식 구조와 복층집에 대해 이야기들을 하고 있었다.

설계를 정말 기막히게 한 모양이다!

흡족한 미소를 지으며 슬그머니 집을 나왔다. 외부 인사들의 헌주와 축사가 이어지고 있는 고사장을 지나 현관 앞으로 갔다. 진한 하늘색의 '구름정원사람들'이라는 글씨가 회색 시멘트 위에 환하게 붙어 있었다. 가슴이 뭉클해졌다.

고사장의 사람들이 우르르 현관으로 나왔다. 리본 커팅식이 이루어졌고 그동안 수고한 이사장, 건축가, 현장소장, 인테리어소장에게 선물증정식이 이어졌다. 박수가 터지고 사람들의 웃음소리가 출렁거렸다. 그들 뒤로는 이 주택이 하우징쿱 이사장과 이사인 건축가의 노력으로 지어진 것이라는 현판이 보였다.

음식 주문하는 사람들이 줄을 이었다. 나는 부지런히 떡도 썰고 반찬도 담았다. 해도 해도 끝이 없는 것 같았다. 동이 나는 음식들도 생겼다. 공원에 앉아 있는 동네 할머니들의 떡까지 챙기고 났을 때에야 겨우 허리를 폈다.

뒷정리까지 마친 나는 집으로 다시 들어왔다. 바닥을 대충 훔치고 누웠다. TV가 놓일 자리의 하얀 벽이 눈에 들어왔다. 그곳 벽에 다른 무언가를 붙여 부엌과 연결된 카페처럼 꾸미겠다고 했던 일이 떠올랐다. 경향하우징페어에 갔을 때는 구체적인 것까지 정했다. 그뿐인가? 부엌은 B사에서 나온 수입산 제품으로 상, 하부장을 우아하게

237

설치하겠다고 꿈꾸었다. 그러나 두 가지 모두 실현되지 못한 채 다른 집과 똑같이 했다. 예상보다 자금이 많이 들었기 때문이다.

시간이 흘러도 꼭 그렇게 하고 싶다면 그때 가서 해도 되지. 건축가 샘의 생각대로 복도와 거실이 흰 페인트로 칠해진 것도 아주 개성 있는데 뭐.

부엌이며 거실을 한참 살펴보던 나는 뭔가 이상하다는 느낌이 들었다. 주위가 너무 조용해서일까? 주택에 살 이들조차 모두 돌아갔으니 조용한 건 당연한 일이었다. 그런데 마음 한구석이 몹시 허전했다.

이런 날은 끝나고 나서 우리끼리 뒤풀이라도 해야 하는 거 아닌가?

그 생각이 든 나는 벌떡 일어났다. 언젠가부터 뒤풀이를 하지 않기 시작했다는 사실이 떠오른 탓이었다. 회의, 회의, 회의가 전부였다.

" 여기에 집을 짓겠다고 마음먹었던 초심대로 이웃과 나누는 삶,
　　자연과 함께하는 삶, 작더라도 마을과 사회에 나를 열고
　　같이 어울리는 우애 있는 삶을 살도록 인도하소서."

마치
다

"이게 사는 거지. 이렇게 동네 사람들과 어울려서 사는 삶이
진짜 삶의 출발인지도 모르지, 하는 생각과 함께 마음이 푸근해졌다.
어린 시절의 따뜻한 사람들과 마을 기억은 있지만
그 삶을 잃어버리고 살아온 지 너무 오래인 나로서는
대변혁이나 다름없었다. "

움직
이다

7

이사

○ 　　　닦고 닦고 또 닦는 일이 반복되었다. 버릴 물건들을 버리고 가져
갈 물건들을 그렇게 준비하기 전, 새로 지은 집의 청소며 하자를 해
결하느라 진을 뺀 나는 쓰러질 것만 같았다. 하지만 그럴 수도 없는
터이니 어떡하든 꿈지럭거려야만 했다. 움직임은 더디고 피로는 점
점 쌓여갔다.

　　　"이제 그만하고 저녁이나 먹으러 나가자. 끝이 없네."

　　　이사 하루 전 일찍 퇴근해서 짐 정리를 하던 남편이 말했다.

　　　"그럽시다."

　　　나도 수세미를 내려놓았다. 30년 가까이 살아온 곳, 내 청춘이 고
스란히 묻힌 도시였다. 몸 뉘일 터전을 찾아 이곳저곳을 전전했고 수
많은 인연들도 만나고 헤어졌다. 이제 몇 시간 후면 떠날 테니 잠시
라도 돌아보고 싶어졌다.

　　　음식점에서 소주도 한잔 마시고 사진도 한 장 찍었다. 그러나 그
냥 그뿐이었다. 몸이 지쳐서인지 어떤 생각이나 감상이 들지 않았다.
30년인데, 떠오르는 사람들도 거리도 없었다. 생각해보니 내가 인천
을 떠난다는 것을 아는 사람도 두엇뿐이었다.

　　　쓸쓸하게 음식점을 나섰다. 생뚱맞게도 '늙은 군인의 노래'가 입
속에서 맴돌았다.

나 태어난 이 강산에 군인이 되어 꽃 피고 눈 내리기 어언 30년. 무엇을 하였느냐. 무엇을 바라느냐. 나 죽어 이 강산에 묻히면 그만이지. 아, 다시 못 올 흘러간 내 청춘. 푸른 옷에 실려간 꽃다운 이 내 청춘.

"갑자기 그 노래는 왜 불러?"

"몰라."

남편의 물음에 간단히 대답을 하고 난 나는 다시 2절을 불렀다. 노래를 거의 다 부를 즈음 내 곁을 스쳐간 사람들과 그들과 함께하던 거리들이 저녁 때와 밤 사이의 어둠처럼 어슴푸레 지나갔다. 입가에 미소가 떠올랐다. 이제 내가 그 노래의 주인공 연배가 돼 있다는 것도 그때 문득 깨달았다.

"안녕하세요? 저희가 내일 이사를 가서 인사하려고 들렀습니다."

노래가 끝나자 우리는 누가 먼저랄 것도 없이 자주 다니던 가게와 음식점을 들러 마지막 인사를 나누었다. 이곳에서만 꼬박 10년을 산 까닭인지 노래의 힘 덕분인지 이번에는 몸과 마음이 동시에 움직였다.

날이 밝았다. 일찌감치 온 이삿짐센터 직원들이 서너 시간에 걸쳐 짐을 싸고 내렸다. 가스를 끊고 관리비 정산을 하고 난 나는 짐이 빠져나간 방들을 둘러보았다. 마지막에는 사람이 없는 애 방에 잠시 서서 집아 잘 있거라 하고 속으로만 가만히 말했다. 이제는 나가서 물건 버리는 값을 계산하고 열쇠를 새로운 집 주인에게 넘겨줘야 했다.

움직
이다

그 후 차를 타고 한 시간을 달린 우리는 불광동에 도착했다. 그리고 어둑할 때까지 짐을 부렸다. 아침부터 겨울이 갑자기 찾아온 듯 매섭게 불던 바람은 불광동에도 신산스럽게 불고 있었다. 아래쪽 상가로 내려간 우리는 손님이 하나도 없는 식당에 둘이 마주 앉아 쓸쓸히 또 저녁을 먹었다. 불광동 시대의 시작이었다.

구름정원둘레길

꼼짝없이 들어앉아 이삿짐센터 직원들이 쑤셔 넣고 간 짐 정리하길 2주째 되던 날, 이미 이사 온 집이 여섯 가구나 되건만 얼굴 한 번 제대로 볼 수 없어 쓸쓸해하던 나는 집을 나섰다. 몇 년 전 여름에 완주한 북한산둘레길 중 우리 집을 중간 거점 삼아 가는 구름정원길을 걷기 위해서였다.

아이고, 웬 계단이 이렇게 많아?

그러지 않아도 하루에 몇 번씩 오르내려야 하는 우리 집 복층 계단 때문에 무릎은 물론 엉덩이까지 아파서 머리끝까지 짜증이 나 있던 나는 길고 가파른 계단 앞에 서서 숨을 몰아쉬었다. "다리 아파 죽겠네. 도대체 복층 계단을 왜 이렇게 만들어놨대요?" 관절이 안 좋은 옆집 T의 투덜거림이 떠올라 웃음이 났다.

긴 계단을 내려간 후 아파트 옆모습을 바라보며 잠깐 걸었을 무렵이었다. 산에 가려 보이지 않던 좁은 계곡이 나오는가 싶더니 거대한 꽃처럼 빨갛게 물든 단풍나무가 팔을 활짝 벌린 채 서 있는 게 보였다. 순식간에 주위가 봄보다 더 환하고 화사해졌다.

11월 말인데 아직도 단풍이 있구나.

나는 그 나무 앞을 떠나지 못한 채 한참 서 있었다. 잘 왔다. 지친 몸, 아픈 다리 끌고 잘 왔다. 그동안 삶은 얼마나 고되었더냐. 이곳까지 오느라 고생 많았다. 마치 산이 나를 품고 그리 말하는 것 같았다.

나는 다시 계단을 오르내리며 걷기 시작했다. 다소 긴 계단을 올랐을 때 몇 걸음 앞에는 또 시작되는 계단이 있었고 계단 안으로 들어와 있는 소나무에는 '위험'이라는 팻말이 걸려 있었다.

여기가 거기구나!

그제야 몇 년 전 기억이 떠오른 나는 탄성을 질렀다. 남편과 함께 여름휴가를 북한산둘레길을 완주하던 것으로 보내던 때, 미처 팻말을 보기도 전에 머리를 부딪쳤던 그 나무였다.

그때처럼 건강한 소나무를 쓰다듬으며 계단을 하나둘 올랐다. 꼭대기에 닿았을 때는 나무판자들을 이어붙인 허공 위의 길이 길게 펼쳐져 있었고, 그 위를 걷는 사람과 눈높이를 맞추게 된 소나무들은 즐거운 듯 손을 내밀었다.

온 세상이 내 것인 듯 나는 양팔을 벌린 채 경중경중 그곳을 뛰어다녔다. 손에는 소나무 잎들이 스치고 얼굴에는 신선하게 부딪치는 초겨울 바람이 지나갔다. 좁은 부엌에 살림 정리를 어찌해야 할

움직
이다

지 몰라 3일씩이나 끙끙거리던 일, 책꽂이를 한 칸씩 늘리는 바람에
혼자서 다시 모든 책 정리를 해야 했던 일, 샤워실은 아래층에 있는
데 안방과 장롱이 위층에 있어서 아침부터 여러 번 계단을 오르내리
던 일, 안경 하나를 찾으려고 해도 아래위층을 오르내려야 했던 일,
끝내 왜 복층으로 집을 만들어서 이 고생인가 푸념하던 일들이 모두
날아가는 것 같았다.

    구름정원길 초입까지 갔다가 동네로 돌아온 나는 쉬지 않고 진
관사 방향으로 길을 잡았다. 동네 길을 잠시 걸은 후 불광중학교 뒤
로 이어지는 둘레길 계단을 올라갔을 때였다. 낯익은 정자가 눈앞에
나타났다.

    아, 저곳!

    몇 년 전 여름휴가 때의 일이 다시 생각난 나는 미소를 지었다.
늦은 오후, 계단을 올라온 후 저곳에서 간식을 먹다가 종아리며 팔을
모기에게 마구 물어 뜯겼던 터다. 더 늦어지면 모기들의 활동이 왕성
해질 테니 어서 길을 가자며 도망치듯 달아났다.

    정자에서 몇 걸음이나 걸었을까? 눈앞으로 온몸이 하얀 나무들이
나타났다. 처음에는 한두 그루이다가 몇 걸음 더 걸었을 때는 군락지
를 이루듯 여러 그루들이 하늘을 향해 키를 세우고 있었다.

    저건 자작나무 아니야? 여기서 저 나무를 보게 되다니!

    나는 두근거리는 가슴으로 아름다운 그 나무들을 올려다보았다.
이 동네에 집을 짓겠다고 결정한 후 꾼 꿈이 떠올랐다.

온통 하얀 자작나무뿐이었다. 나는 그곳에 집을 지으려고 하고 있었다. 더 나은 곳이 없을까, 생각하며 자작나무를 헤치고 올라갔다. 굉장히 높은 언덕이 나왔다. 아래가 시원하게 내려다보이는 곳이었다. 여기다 집을 지으면 정말 좋겠구나 하고 있는데 그곳은 이미 다른 사람이 집을 지으려고 맡아놓은 터라고 했다. 다시 내가 처음 보았던 터로 돌아왔다. 자작나무를 몇 그루 베어내고 거기에다 집을 지으면 되겠다는 생각이 들었다. 높아서 아래를 내려다볼 수 있는 곳보다 뒤로 빽빽한 자작나무 숲을 가진 아름다운 집이 될 거라는 생각에 아주 흡족해졌다.

사람의 뇌는 얼마나 많은 것을 담고 쏟아내는 항아리인가?

꿈을 생각하던 나는 그렇게 중얼거렸다. 언제 내 머릿속에 그 기억이 저장되어 있었는가 싶게 이 길에 대한 기억을 가지고 있는 것도 놀랍지만, 꿈속에서처럼 구름정원길 구기동 방향으로 가는 옆 동네에는 실제로 아파트들이 있었다. 산과 이어진 높은 언덕이어서 아래가 잘 내려다보이는 곳이었다. 그리고 내가 이사 온 곳은 우리가 지은 집처럼 낮은 층의 집들이 자작나무처럼 둘러싸인 곳이었다. 놀랍지 않은가? 뇌리에 콱 박힌 꿈속의 자작나무숲, 불광중학교 뒤편에서 본 꿈결 같은 하얀 나무와의 일치, 모기에 쫓겨 달아나던 여름휴가 때도 그 나무들을 보았을까? 나무 이름이 하도 궁금해서 사전도 찾아보았다. 불광중학교 뒤편의 나무는 자작나무가 아니라 백양나무였다. 하얀 나무를 보면 무조건 자작나무라고 생각하고 있었으니 기실 꿈속의 그 나무도 백양나무였는지 모를 일이다.

움직
이다

이래저래 즐거워진 나는 힘차게 발걸음을 놀렸다. 갈대숲이 우거진 전망대를 거쳐 구름정원길의 끝이자 북한산둘레길 9구간의 시작인 마실길 초입까지 갔다가 돌아오는 길, 눈앞으로 계속 펼쳐지는 아파트들을 보자니 숨이 막혀왔다. 아파트를 싫어해서 이곳까지 오게된 내 입장에서는 낮은 집들이 자작나무처럼 우거진 우리 동네가 얼마나 정겹고 좋은 곳인지 새삼 알게 된 순간이었다.

1 북한산둘레길 8구간인 구름정원길 초입이다. 구름정원 주택 근방의 5분만 마을을 지날 뿐 구간 전체가 숲길로 이루어져 있다.
2 구름정원 주택을 지나 진관사 방향으로 가는 길 중간에 있는 갈대길. 눈에 잘 띄지 않는 작은 들꽃들이 많은데, 족두리봉·향로봉·비봉 등을 바라보며 걷게 된다.

보일러 연통

우리 집보다 열흘 먼저 이사한 R은 화가 잔뜩 나 있었다. 1층에 설치한 보일러 연통 네 개가 아이들 방 창문 밑으로 나 있었고 창문을 열면 네 집에서 때는 보일러 연기가 방 안으로 뭉클뭉클 들어왔기 때문이다.

"소장님, 지금 1층 보일러 연기가 애들 방 창으로 그대로 들어옵니다. 문을 열 수가 없어요."

R은 바로 현장소장에게 전화를 했다.

"그 창문은 닫고 사셔야 합니다. 어쩔 수 없어요."

현장소장의 답이었다. 이 답변에 더욱 기함한 R은 소리를 질러 댔다.

"여름에도 닫고 살란 말입니까? 여름에도 샤워하고 그러면서 보일러를 때잖아요. 방 창은 그거 하나밖에 없고요. 내가 쓰는 방이면 또 몰라요. 애들이지 않습니까? 애들! 애들한테 일산화탄소를 마시라고 하고 창문도 못 열게 하고 사는 게 옳습니까? 저는 이런 식이면 이 집에서 당장이라도 이사를 나가겠습니다."

소장과 전화를 끊은 R은 펄펄 뛰며 다시 이사장에게 전화를 했다. 똑같은 R의 말에 이사장은 연통을 주차장 안으로 짧게 빼서 그 안에서 연기가 흩어지도록 하면 어떻겠느냐고 답했다.

"주차장 안쪽으로요?"

움직
이다

"네, 연통에서 떨어지는 물 때문에 바닥에 얼음이 좀 얼겠지만 그거야 자주 제거하면 되니까, 그게 좋을 것 같습니다."

그렇게 해서 문제의 연통들은 주차장 안으로 들어갔다. 그러나 연기는 여전히 주차장 천장을 타고 올라와 R의 집 창문으로 들어갔다.

속이 썩어 문드러질 지경인 R은 건축가, 이사장, 현장소장과 만났다. 전문가까지 불러 의논도 하고 법령도 살펴봤지만 뾰족한 해결책이 없었다. 연통이 10m가 넘으면 안 되기 때문에 옥상으로 뽑아 올리는 것도 불가능하고 그렇다고 굴뚝을 만들 수도 없었기 때문이다. 그래서 결국 건물 밖으로 2m 정도 빼기로 했다.

문을 연 거실 창 위로 물이 뚝뚝 떨어졌다. 어디서 떨어지는지 알아보기 위해 나는 창문을 그대로 열어둔 채 밖으로 나갔다. 옆집 다세대주택 앞에 서서 우리 건물을 한참 올려다보았다. 3층 보일러실 밖으로 난 연통 네 개에서 연기가 뭉클거릴 때마다 생기는 물방울이 우리 집 창으로 떨어지고 있었다.

마침 일을 보고 있던 현장소장이 현관 쪽에서 나오기에 소리쳐 불렀다.

"소장님, 저기 연통에서 나오는 물이 저희 집 창문 위로 떨어지네요?"

"할 수 없습니다. 창문을 닫고 사는 수밖에 없습니다."

현장소장이 대답하며 바삐 길 쪽으로 걸어갔다.

어떻게 저런 말을 저리도 쉽게 하지?

나는 화가 나서 중얼거리며 그가 사라지는 뒷모습을 쳐다보았다. 그곳에는 R의 집 창문 밑에서 길게 뻗어 나온 연통 네 개가 길 위 허공에다 대고 연기를 허옇게 뿜어대고 있었다.

집 잘 지어놓고 이게 웬일인가?

우리 집 거실 창으로 물이 떨어지는 것도 잊은 채 나는 그 네 개의 연통을 또 한참 바라보았다. 우리 땅이기는 하지만 사람들이 지나다니는 길 위로 뻗어 나간 연통은 왠지 위험해 보이기까지 했다.

"이게 뭐여? 연통이잖어. 아니 연통을 왜 이렇게 보기 싫게 길 밖으로 기다랗게 뽑아놨대. 다른 집처럼 안으로 좀 얌전하게 넣으라고 해야 되는 거 아녀?"

"그러게 말이여. 자기 집에 바짝 대놔야지 왜 길가로 내놔? 지나댕기는 사람들 불안하게끔. 좀 있으면 이제 여기가 얼음판이 되겠구먼. 이렇게 자기들 생각만 하면 돼?"

"안 되지, 못 쓰지!"

노인 둘이 소장이 사라진 길 쪽에서 올라오다 말고 우리 건물과 연통을 바라보며 혀를 차댔다.

나는 이 건물에 사는 사람이 아닌 척하고 서서 다시 3층 쪽 보일러 연통을 바라보았다. 3층의 연통은 사랑방 창을 향해 열심히 연기를 뿜어대고 있었다. 한숨이 다 나왔다. 우리 집 거실 창 위로 떨어지는 물방울은 아무것도 아닌 것 같았다. 거실 창은 두 개이기도 하거니와 R네 집처럼 일산화탄소를 집 안으로 유입하는 것은 아니어서였다.

까짓것, 소장 말대로 필요하면 창문이라도 닫고 살지 뭐.

251

그렇게 결정을 내리는 마음이 참으로 슬퍼졌다. 애초의 설계대로 각 집에 다용도실을 두고 보일러를 설치했다면 아예 발생하지 않았을 일이기 때문이었다.

송년회

○　　　　전기밥솥에서 김이 요란스럽게 올라왔다. 밥이 다 되어간다는 신호였다. 나는 바가지를 들고 쌀을 푸러 갔다. 아직도 낯선 신발장 옆 다용도실 문을 열고 쌀을 담았다. 우리 집에서 송년회에 준비해야 할 음식은 밥과 김치였다.

　　큰솥에 금방 한 밥을 퍼 담고 김치와 그릇을 챙겨 사랑방에 갔을 때는 K와 L네를 빼고 이미 다 와 있었다. O네는 닭볶음탕과 샐러드, P네는 잡채, Q네는 두부김치, K네는 어묵탕, L네는 녹두전, R네는 오리훈제찜을 하기로 했다. 그 와중에 P는 O-1과 함께 과일, 마른안주, 술까지 사 왔다.

　　가져온 음식을 차리는데 K네도 어묵탕을 들고 왔고 L네도 녹두전을 가지고 들어왔다. 초대를 받은 이사장과 인터커드 건축사사무소의 X대리도 왔다. 뒤늦게 건축가와 그의 동료가 왔을 때는 그들이 먹을 밥이 없었다.

이런 낭패가…… 밥을 한 솥 더 했어야 하는데!

내가 민망해했고 R-1이 뛰어 내려가 자기네 집에 있던 찬밥을 가져왔다.

"잘들 드셨습니까? 지금부터 구름정원사람들 주택 송년회를 시작하겠습니다. 모두들 잔을 들어주십시오."

식사가 끝나자 사회를 맡은 K의 말에 따라 우리는 잔을 높이 들었다.

"1년 동안 집 짓느라고 고생 많으셨습니다."

"고생 많으셨습니다!"

모두들 크게 외치고 건배를 하였다.

"나 없었으면 집을 어떻게 지었을 거야?"

잔을 비우는데 R이 농담하듯 했다. 사람들이 입을 꾹 다물었고 K는 못 들은 척 말을 이어갔다.

"네, 그러면 이번에는 집을 짓는 데 한 해 동안 역할을 맡아 수고가 많았던 이사장·전무이사·회계이사에게 작으나마 선물 증정하는 시간을 갖도록 하겠습니다."

사람들이 그제야 배꼽을 잡으며 웃음을 터뜨렸다.

"그 말 괜히 했잖아. 취소요, 취소!"

R이 다시 폴짝 나서서 말했고 방 안에는 또 왁자하게 웃음이 터졌다.

L과 R과 P가 자리에서 일어나 나왔다. K의 설명을 들어서 큰 것이 아님을 뻔히 알면서도 봉투들을 받는 얼굴이 싱글벙글이었다. 정

움직
이다

말 고생 많았어요, 하는 말이 절로 나왔다.

"다음 순서입니다. 나머지 가구들도 수고하셨기에 뽑기를 해서 가구별로 선물을 나누도록 하겠습니다. 뽑기를 한 가구는 어느 가구 얼마라고 발표해주시고 당사자에게 표를 주시면 제가 그에 해당하는 봉투를 드리도록 하겠습니다."

K가 주머니에서 작은 쪽지들을 꺼냈다. 즉석에서 각 집의 호수를 적은 종이를 만들어 뽑으려니 생각하고 있던 우리는 탄성을 질렀다. 언제 저렇듯 예쁜 색깔의 종이로 그것을 만들 생각을 했는가 싶어서였다.

"H샘, 축하드려요. 5만 원이요."

Q가 우리 집 쪽지를 뽑고는 자랑스레 그것을 나에게 넘겨주었다. 그런데 Q네가 받은 쪽지는 2만 원짜리였다.

"아, 좀 잘 뽑아주지요."

Q를 비롯 여기저기서 웃음이 일어나고 기분 좋게 쪽지와 봉투들이 오갔다. 그렇게 밤이 깊어갈 무렵, 회의 약속이 있다며 그때껏 나타나지 않던 T가 문을 열었다.

"T샘, T샘 것 내가 뽑았는데요. 1만 원입니다."

내가 T를 바라보며 말했다.

"겨우? 샘네는 얼마예요?"

"죄송합니다. 우린 5만 원이요."

"우와, 좋겠다!"

다시금 웃음이 터져 방 안을 흔들었다. 아이들 놀이 같기도 하고

별것 아닐지 모르는 그것이 이토록 재미있을 줄 몰랐다. 어느덧 다사
다난했던 우리들의 한 해도 무에서 유를 창조해낸 건물 안, 그것도 우
리들의 모임방인 사랑방에서 그렇게 저물고 있었다.

대지권을 설정하자

○　　　"지난주에 등기가 나왔음을 알렸습니다. 그러나 우리 집 등기는
토지와 건물이 따로 되어 있어서 재산권을 행사하는 데 제약이 있을
수 있습니다. 그래서 이를 묶는 대지권을 설정하려고 하는데 쉽지가
않습니다."

R이 대지권 문제 진행상황을 설명했다. 건물 등기가 나왔다고 했
을 때 당연히 대지권이 설정된 것으로 이해하고 있던 나는 짜증이 났
다. 땅을 사서 건물을 지었으면 당연히 대지권 설정을 해야지 무슨
이유로 건물 등기만 했는지 모르겠어서였다. 그것도 준공 허가가 난
지 한 달 보름이 넘은 후에야 나온 결과물이었다. 그렇게밖에 할 수
없었다면 법무사는 우리 쪽에 그 이야기를 하고 그렇게 진행해도 되
는지 의견을 물어야 했다.

R도 그랬다. 토지소유권이전신청을 할 때, 매도인 한 번 만나보
고 못하겠다고 한 은행 법무사에게 일을 맡길 거라면 우리와 먼저 의

움직
이다

논을 하는 게 좋았다.

"이에 대해서 나온 얘기들을 말하면, 은행 법무사는 쉽지 않다고 하고 등기소 앞 법무사는 아예 안 된다고 하더군요. 그래서 토지소유권이전신청을 해준 법무사를 만났는데요. 우리는 부부공동명의로 한 집이 있어서 토지가 열한 명 소유로 돼 있잖아요. 그래서 주택 8에 토지를 8로 맞추면 가능할 수도 있다고 하더군요. 법무사에게서 확실한 답이 나오면 그때 다시 이 건에 대해 알리도록 하겠습니다."

처음부터 토지소유권이전신청을 해준 법무사에게 의뢰했어야 하는데. 그래야 일이 쉬워졌을 건데.

귀 기울여 듣던 나는 심란해져서 중얼거렸다.

"참으로 황당한 논리네요. 가구 중심으로 보면 8인데 안 된다고 하니까요. 결국 토지 주인, 건물 주인이 1인으로만 돼 있어야 대지권 설정을 해준다는 얘기 아닙니까?"

R의 설명에 대해 P가 제일 먼저 궁금한 걸 물었다. R은 자신이 틀린 대답을 할 수도 있으니 법무사를 만날 때 나와서 직접 물어보라고 했다.

나도 입을 열었다.

"대지권을 설정하는 데 P샘이 얘기한 게 법이라면, 애초에 하우징쿱에서 부부공동명의로 할 집은 그렇게 해도 된다고 해서 일이 이렇게 된 거네요?"

"그렇죠. 이사장님께 그 말은 했습니다. 그리고 이렇게 모든 가구가 8로 맞출 경우, 부부공동명의를 한 가구는 1%의 취득세를 내야 한답니다. 그리고 또 하나, 대지권은 전용면적 기준으로 하기 때문에 우리가 원하는 대로 대지가 8등분이 안 될 수도 있습니다. 그러면 그때 각 가구의 대지권 차이를 어떻게 해소해야 할지도 의논해야 합니다."

R이 법무사와 논의된 대략의 이야기를 마쳤다.

대지권 차이야 토지를 많이 가져가는 가구가 적게 가져가는 가구에게 보상을 하면 될 일이지만 취득세는 다른 문제 아닌가? 부부공동명의를 한 가구에서 또 낼 일이 아니야. 그들의 잘못으로 인해서 발생한 문제가 아니니까.

그 생각을 하고 있던 나는 다시 R을 향해 말했다.

"저는 이렇게 하는 것만이 해결책이라는 결론이 나오면, 취득세를 또 내야 하는 가구는 컨설팅을 잘못한 하우징쿱에 그 책임을 요구해야 된다고 봅니다. 그리고 법무사를 다시 만난다고 하는데 PM 역할을 해야 할 하우징쿱에서도 나와야 한다고 생각합니다. 이런 중요한 문제를 의논하는데 왜 우리끼리 이러고 있어야 하는 거죠?"

나의 말에 잠시 침묵이 흘렀다. 그리고 법무사에게서 문제 해결에 대한 최종 답변을 듣고 나면 그때 다시 토론을 이어가기로 했다.

257

대지권 설정을 하지 말자

"법무사를 만났는데요. 토요일 8시에 임시 총회를 하려고 합니다. 등기와 관련하여 중요한 논의사항이 있으니 조합원들은 모두 참석하시기 바랍니다."

R이 공지를 했다. 나는 법무사와 만난 결과가 어찌 되었는지, 모임에서 논의할 사항은 무엇인지 구체적으로 알려달라고 요청했다. 그래야 그 내용에 대해 미리 고민도 하고 당일에 활발한 논의가 이루어지리라 여겼기 때문이다.

R은 '어쨌든 대지권을 설정하는 게 필요하다. 건물 열한 채에 토지소유자 열한 명으로 하면 대지권 설정이 가능할 수도 있겠다. 토요일에는 비용을 포함하여 이와 관련된 논의를 하자는 것이다'라고 짤막하게 답변했다.

자세한 설명을 해주면 좋겠는데.

내가 달라진 이야기를 듣고 그 생각을 하고 있을 때 법무사와의 만남에 참석했던 M이 보충 설명을 했다.

"오늘 법무사를 만나는 데는 저, O샘, 이사장도 참석했습니다. 여덟 명 명의로 대지권을 설정하는 안은 상가 때문에 불가능해 폐기되었고요, 새로운 대안으로 상가 포함한 건물 열한 채를 토지소유자 열한 명과 일치시키면 대지권 설정이 가능하다는 결론에 도달했습니다. 구체적 방안과 비용에 대해서는 법무사가 확인해주기로 했고요. 토요일 논의 사항으로는 대지권 차이에 대한 해결방안과 대지권 설정 시 모든 비용의 공동부담 원칙 확인 등이지 않을까 합니다."

그러자 R도 이에 따른 내용을 덧붙였다.

"이사장 말에 의하면, 가구당 절세를 위해 부부공동명의를 했는데 결과가 이렇게 되었으니, 취득세를 포함하여 대지권 설정 시 들어가는 모든 비용은 조합원이 공동으로 부담하는 게 좋겠답니다. H 샘 말처럼 취득세 부분에 대해 하우징쿱이 어떤 책임을 져야 할 사안은 아니라는 거죠."

R의 이야기에 나도 고개를 끄덕였다. 하우징쿱에서 컨설팅은 잘 못했지만, 이사장의 말대로 당시 세금을 줄이겠다고 그렇게 했으니 지금 역시 그 비용은 조합원이 공동으로 부담하는 게 맞다고 말했다.

"그게 맞고요. 건물 열한 채에 토지 열한 명으로 하면 부부공동명의인 세 가구 세 명이 상가를 자신의 명의로 갖게 되는 거잖아요? 그러니까 우리 내부적으로 이에 대한 규정을 만들 필요도 있겠습니다."

이번에는 K가 기존에 없던 내용에 대해 지적했다.

밴드에서 논의한 이 내용을 근거로 해서 우리는 임시 총회를 열었다. 모든 비용의 공동부담 원칙을 확인하고 토지가 많이 가는 세대는 적게 가는 세대에게 보상할 것을 약속했으며 상가 명의에 대한 내부 규정도 만들기로 했다.

며칠 후, 우리는 법무사에게 대지권 설정 방법과 비용 얘기를 듣게 되었다. 눈에 가장 먼저 띈 것은 수임료가 각 세대 100만 원이라는 사실이었다.

움직
이다

"합계 800만 원이라니! 심한 것 아닌가요?"

T가 놀라서 말했다.

"조정 좀 해달라고 했으면 좋겠네요."

P도 한숨을 쉬었다.

"법무사 비용도 비용이지만 전체적인 비용 조감도가 먼저 나와야 할 것 같습니다. 그 속에서 법무사 비용 얘기가 나와야 우리가 법무사 비용도 이해할 수 있지 않을까요?"

나도 걱정을 하며 말했다.

"처음부터 건물만 등기한 법무사가 누군가요? 정신적 경제적 피해 보상을 요구해야 합니다."

L도 화가 나서 대지권 설정을 하지 않고 건물만 따로 등기해버린 은행 법무사를 향해 불만을 터뜨렸다. 결과적으로 돈은 돈대로 더 들고, 시간은 시간대로 허비했으며, 이의 해결을 위해 여덟 가구가 툭하면 회의를 하며 지칠 대로 지쳤으니 왜 그런 이야기가 나오지 않겠는가? 모두들 회의라면 지긋지긋해하고 있었고 신경들도 대단히 날카로워져 있었다.

"법무사 비용과 관련해서는 '비싸긴 하지만 과한 건 아니다'라는 생각입니다. 일단 등기를 합지, 증여 매매 후 등기, 대지권 등기 이렇게 세 번 해야 합니다. 여기에 부동산 매매와 세금 문제도 처리해야 하고요. 어쨌든 이건 제가 생각해본 내용입니다."

여러 사람의 말을 듣던 R이 설명했다.

O-1이 나섰다. R의 말대로 할 경우 각 가구당 비용은 얼마나 들

겠느냐고 물었다. 그러자 R이 다시 긴 설명을 했다. 주택 두 가구 취득세 400만 원, 상가 세 개 취득세 1,000만 원, 법무사 비용 800만 원으로 2,200만 원 정도 들며 가구당 비용은 275만 원 정도 나온다, 그런데 나중에 상가를 다시 공동 소유로 돌려야 하니 1,000만 원을 또 내야 한다, 그것까지 합치면 가구당 400만 원 정도의 돈이 든다는 얘기였다.

"거듭 말하지만, 이것은 어디까지나 제가 계산해본 것이라 수치가 정확하지 않을 수 있습니다. 이런 수치들을 보다보면 자꾸 화가 나실 것 같아서 자세한 말을 하지 않았던 것인데 그것을 감안해서 이해해주시면 좋겠습니다."

사람들이 한숨을 쉬면서도 고개를 끄덕였다.

"내일 우리 회의에는 하우징쿱 이사장님도 참여해야 되지 않나 싶네요. 이런 상황을 공유해야 할 테니까요."

나는 다시 제안을 했다.

R의 부탁을 받은 나는 이사장에게 연락했다.

"이사장님, 대지권 설정 문제 때문에 전화했는데요. 법무사 비용만 가구당 100만 원씩 요구하고 그래서 비용이 많이 나왔습니다. 이 문제로 저희들이 회의를 할 건데요, 하우징쿱에서도 참석을 해주십사 하고 전화했습니다."

이사장은 바쁘긴 하지만 참석하겠노라고 했다. 그리고 초저녁부터 내리기 시작한 눈발을 헤치고 우리들 곁으로 왔다.

움직
이다

"2013년 말에 토지 소유자와 건물 소유자가 일치해야 된다고 법이 바뀌었습니다. 그걸 모르고 토지 매입 시 부부공동명의를 추진했다가 일이 이렇게 되었는데요. 등기가 건물과 토지로 따로 돼 있다고 해서 법적으로 무슨 문제가 있는 것은 아닙니다. 사람들 인식이 뭔가 문제가 있어서 대지권 설정을 안 한 게 아닌가 생각하니까 껄끄러울 뿐이죠. 그러니 대지권 설정을 하더라도 나중에 하는 것은 어떨까요? 집 지으면서 빚도 지고 그랬으니 다들 한 푼이라도 아쉬우실 텐데요."

　"대지권 설정이 안 돼 있어도 은행에서 대출받고 그러는 데 문제만 없다면 그렇게 해도 되죠."

　"네, 그럼 그렇게 하죠. 이사장님 말씀처럼 자금 압박도 받고 그러니까."

　"왜 그 생각을 못 했을까요? 그렇게 합시다."

　이사장이 회의에 참석하자 논의는 빠르게 이루어졌다. 결국 당장은 대지권 설정을 하지 않기로 결론 내렸다.[6] 한 달 반이 넘도록 머리 터지게 회의에 회의를 거듭하던 대지권 문제가 대단원의 막을 내리는 순간이었다.

---

6) 이후 석 달이 지났을 무렵인 4월 29일, M이 아는 이를 통해 대단히 유능한 법무사를 소개했다. 등기 방법도 아주 간단했고 법무사 비용도 비싸지 않았다. 그 덕분에 우리는 2015년 6월 18일 각 가구당 64만여 원을 들여 기분 좋게 대지권 설정을 할 수 있었다.

우리는 협동조합으로 맺어진 한 가족

○   "제가 거래하는 은행하고 대출 상담을 했는데요. 이전에 우리가 같이 토지대금대출을 받았잖아요? 그러니 이번에도 같이 그 돈 상환을 전제로 한다면 주택담보대출을 해준다고 하네요. 이 방안으로 토지대금대출도 상환하고 주택담보대출로 전환하면 어떨까요?"

각자 은행 대출을 알아보며 전전긍긍하는 사이 O가 이와 같은 이야기를 전했다. 이전에 토지대금대출을 받은 은행에서는 무슨 까닭인지 그렇게 전환해줄 생각이 없었으므로 우리는 대대적인 환영을 했다.

"모두들 은행 대출로 해결이 되는데 두 집이 안 되는군요. 달리 해결할 방도를 못 찾으신 것 같은데 우리 내부에서 함께 해결해보면 어떤가 싶습니다."

R이 각 집 자금 상황을 점검하며 말했다.

"제가 3천만 원을 빌려주도록 하겠습니다."

빚 하나 없이 집을 지은 Q가 선뜻 그 말을 했다. 고마운 일이었다. 한편으론 잘 몰랐던 Q의 새로운 모습을 보는 듯하여 대단히 즐거웠다.

"저는 은행에서 대출받을 때 1천만 원을 더 받아서 도움 드리는 걸로 하겠습니다."

이어서는 생각하지도 못했던 T가 말했다. 본인도 빚이 많지만 받

263

을 수 있는 1천만 원이라도 더 받겠다는 것이었다. 남편과 내가 두 가구의 돈 문제가 정 어려우면 우리가 대출을 더 받아 도와주자고 했던 그 방법이었다.

"마침 상가가 다음 주 토요일부터 인테리어 공사를 시작한다니 2천만 원이 생깁니다. 그 돈을 두 가구에게 빌려주는 것으로 하지요. 대출은 그 이전에 받아야 하니 그 돈 2천만 원은 제가 잠시 빌려드리도록 하겠습니다."

상가관리이사인 M도 나섰다.

"해결이 금방 됐네요. 걱정을 좀 했었는데……."

R의 얼굴이 활짝 피었다.

"네, 고맙습니다. 모두들 감사합니다."

자금 압박에 시달리던 두 가구의 얼굴도 환하게 밝아졌다. 돈 걱정 때문에 얼마나 스트레스를 많이 받고 불안했을지 잘 알고 있었기에 내 마음도 후련해졌다.

"상가 두 개가 마저 나가면 보증금으로 두 가구의 돈 문제는 충분히 해결할 수 있습니다. 그러니 그때 가서 빌려준 분들의 돈을 갚으면 될 것 같습니다. 그렇게 하시는 걸로 하지요."

M이 다시 말했다.

"좋습니다. 우리가 무슨 돈놀이를 하는 게 아니니 이자도 가능한 한 싸게 하지요."

기분이 좋아진 나도 끼어들어 한 마디 거들었다.

3일 후, 전셋집이 나가지 않아 입주를 못하고 있던 L도 드디어 입주하고 돈 문제도 깨끗이 해결이 되자 우리는 사랑방에 모여 가벼운 잔치 자리를 가졌다. 땅을 매입하던 때 복잡한 사유지 문제를 해결하고 맞은 마음의 평화가 제1의 봄이었다면 주택에 입주해서 맞은 이 평화는 우리에게 제2의 봄이 왔음을 알리는 것 같았다.

주민회의

●　　　반상회 한 번 가보지 않던 나는 일찌감치 주거환경관리사업 설명회가 열리는 장소로 향했다. 아는 사람도 없고 해서 소식지 한 장을 받아 들고 앞좌석에 앉았다.

　　　지난번 밥할머니 호국기원제와 알뜰장도 주민임시협의체에서 했던 거구나.

　　　소식지를 살피던 나는 고개를 끄덕였다. 우리가 이사 온 이곳이 서울시의 주거환경관리사업 지역으로 선정되었다는 것은 알고 있었지만 벌써 이렇게 주민임시협의체까지 만들어져 활동하고 있는 줄은 몰랐던 터다.

　　　이 사업의 용역을 맡은 S사 전무가 마을 발전 계획에 대한 설명을 시작했다. 나는 그 과정에서 우리가 집을 지으려고 모이던 때인 2013년 10월에 주민임시협의체가 결성된 사실, 사업은 2015년 2월

움직
이다

에 시작해서 2017년 하반기에 끝난다는 새로운 사실도 알게 되었다. 우리가 입주할 무렵에는 집 위의 공원이 완성돼서 기쁨을 주더니 입주한 후에는 주거환경관리사업이 시작돼서 또 기쁨을 주고 있었다. 우리들 스스로 마을이 밝고 살기 좋은 곳으로 바뀌려면 이러이러한 부분이 이렇게 개선돼야 한다는 이야기들을 한 바 있어 그것과도 잘 맞아떨어졌다.

S사 전무의 설명이 끝나자 이번에는 한복을 화려하게 차려입고 아까부터 실내를 오가던 분이 마이크를 잡았다.

"주민임시협의체 대표 W입니다. 앞으로 실시되는 주민 워크숍이나 회의에 열심히들 참여하셔서 우리도 좋은 마을 한번 만들어봅시다. 아까 구청에서도 말씀하셨지만 주민이 참여해서 의견을 내지 않으면 이 사업이 가로등 몇 개 다는 걸로 끝날 수도 있어요……."

주민설명회를 하는 자리에 한복이라!

엉뚱하게도, 나는 그녀의 말보다도 그녀가 입은 한복을 요모조모 뜯어보며 미소 지었다. 무슨 일이 있을 때면 늘 우아하게 한복을 차려입고 길을 나서던 어릴 적 할머니를 보는 것 같았다. 요즘 시대에는 정말 보기 힘든 정겨운 모습이었다.

"내친김에 여러분께 주민임시협의체 임원을 소개하겠습니다. J부대표님, D감사님, G총무님 일어나주세요. 이분들께 박수 부탁합니다."

나는 사람들과 함께 손뼉을 힘차게 치며 주위를 주욱 둘러보았다. 대표처럼 마을 사람 대부분도 나이 든 여자들뿐이었다. 쌀에 섞인 뉘를 찾아내는 것처럼 간혹 찾아지는 남자들도 나이 들기는 마찬가지였다. 이 동네에는 노인들이 주로 산다는 말, 여성의 힘이 센 동네라는 L의 말이 새삼 와 닿았다. 이들에 비하면 우리 구름정원 조합원들은 청년이나 마찬가지였다.

오늘 있었던 얘기에 대해 건의사항이 있으면 하라는 사회자의 말이 끝났다. 지역 내 취약 부분, 주택 불량 부분에 대한 주민 의견 조사를 언제 했는지 모르겠지만 다시 하는 게 좋겠다는 한 할아버지의 지적이 있고 나자 너도나도 손을 들었다.

"우리 F빌라는 여름만 되면 하수구로 물이 역류하는데 이만저만 불편한 게 아녜요. 그런데 이번에는 여름도 아닌데 역류를 하더라고. 그러니까 제발 하수관 좀 바꿔주세요. 그래야 살지……."

할머니의 말이 끝나기도 전에 사회자가 끼어들었다. 무엇을 어떻게 바꿨으면 좋겠다 하는 의견은 주민 워크숍 때 얘기하라고 했다.

말을 하던 할머니는 사회자의 지적에도 아쉬운 듯 멀뚱멀뚱 서 있고 다른 이가 그 할머니를 올려다보며 혀를 찼다.

"그러면, 그런 집에서 여적지 어떻게들 살았대요?"

"낼모레면 괜찮겠지. 내년이면 괜찮겠지. 해마다 그러면서 살았지요, 뭐. 그러다보니 그게 벌써 10년이 훌쩍 넘었지 뭐예요."

좌중에서 웃음이 왁자하게 터졌다. 웃음소리를 들으며 민망한 듯 할머니가 자리에 앉자 다른 할머니가 손을 번쩍 들며 일어났다.

"우리 빌라는요. 전에 뒷동네로 가는 골목이 있었어요. 그런데 그 골목에 사는 사람들이 우리 빌라 앞에 담장을 치고는 그 골목을 막아

버렸어요. 그래서 뒷동네를 가려면 저 아랫길까지 빙 돌아가서는 또 한참 오르막길을 올라가야 해요. 무릎도 아프고 그런데 그렇게 가려면 얼마나 불편한지 몰라요."

할머니의 말이 아직 안 끝났는데 옆에 앉았던 할머니가 큰소리로 물었다.

"나도 그걸 봤는데 그 골목에 사는 사람들은 그걸 왜 막았대요?"

사회자가 무언가 다시 말을 하려는데 질문을 받은 할머니가 조금 전보다 훨씬 커진 목소리로 대답했다.

"당최 그걸 알 수 없어요. 하는 말은 중·고등학생들이 거기 와서 담배를 피우니 어쩌니 그러는데 그렇다고 길을 막아? 빈대 잡자고 초가삼간 태우는 격이지. 그러니까 내 말은 그 길이 사람 다니라고 맹근 길이니 다시 돌려달라 그 말이요. 그리고 내가 또 하나 할 말이 있는데, 그게 참 뭐였지? 아이고, 고거 고만 싹 까먹고 말았네."

좌중에서 다시 폭소가 터졌다. 사회자도 아예 체념을 한 듯한 표정으로 함께 웃어젖혔다.

젊은 피의 수혈이 필요해. 더구나 우린 여덟 세대나 되니 얼마나 다행이야?

그 생각을 하며 이야기를 듣던 나도 긴장이 풀려서 한참이나 웃었다. 이게 사는 거지. 이렇게 동네 사람들과 어울려서 사는 삶이 진짜 삶의 출발인지도 모르지, 하는 생각과 함께 마음이 푸근해졌다. 어린 시절의 따뜻한 사람들과 마을 기억은 있지만 그 삶을 잃어버리고 살아온 지 너무 오래인 나로서는 대변혁이나 다름없었다.

1 구름정원 주택 위 공원에서 '우리 마을에는 어떤 문제
   가 있는가' 알아보기 위해 설명을 듣는 주민들.
2 '마을 돌아보기'를 끝내고 난 후 사진을 찍는 주민들.
3 구름정원 주택 사랑방에서 변화되어야 할 마을의 문제
   를 꼽아보는 주민들.

움직
이다

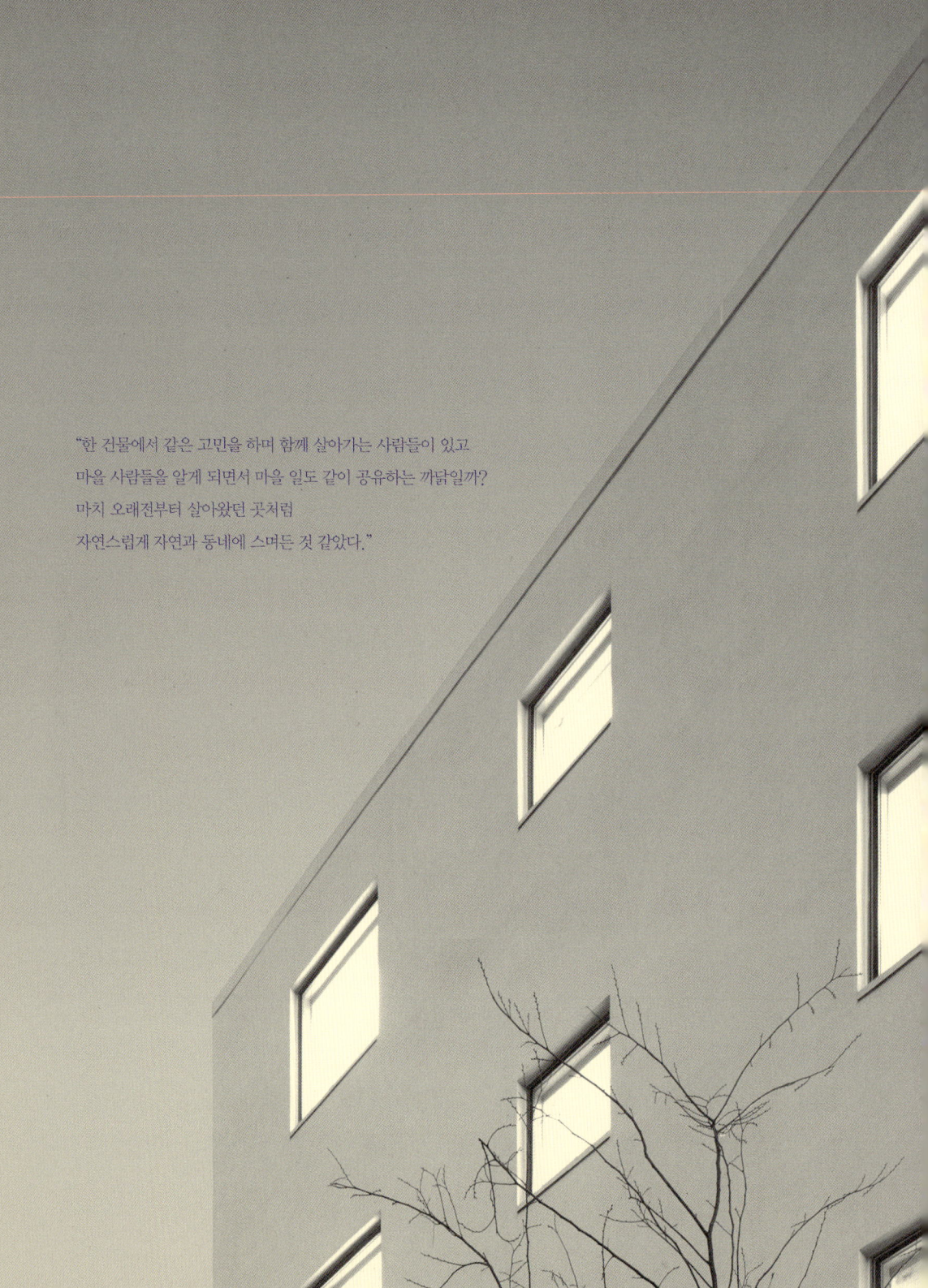

"한 건물에서 같은 고민을 하며 함께 살아가는 사람들이 있고
마을 사람들을 알게 되면서 마을 일도 같이 공유하는 까닭일까?
마치 오래전부터 살아왔던 곳처럼
자연스럽게 자연과 동네에 스며든 것 같았다."

안착
하다

8

고향에 온 느낌

○   "어머나, 집 좋다!"

들어오자마자 부엌을 보고 거실 창을 거쳐 제 방을 돌아본 딸이 탄성을 질렀다.

얄미운 것!

나는 속으로만 그렇게 말을 하고 아무런 반응도 보이지 않았다. K네 집이 이사하던 날 우리 딸과 비슷한 또래의 아들이 와서 이사를 돕던 모습이 떠올랐다. 직장을 다니고 있으니 그 집 아들처럼 평일인 이삿날에 오는 것은 바라지도 않았다. 그래도 토요일이나 일요일쯤에는 와봐야 할 것 아닌가? 그러기는커녕 이사 잘했느냐는 전화한 통이 없었다. 그러고도 죽 오지 않다가 두 달 만에 나타난 것이다.

"정말 좋지? 거실 밖으로 보이는 저 공원 좀 봐라. 네 방에서도 잘 보인다."

딸이 마치 이사 다음 날에라도 온 듯 입이 벌어진 남편이 자랑스레 말했다.

"나도 봤어. 부엌도 정말 예쁘고 와, 이 멋진 등들 좀 봐!"

딸이 이번에는 복도등, 간접등, 식탁등 들을 켜대며 감탄했다.

"복층에 가볼래? 거긴 더 좋아."

남편이 역시 벌어진 입을 다물지 못한 채 말했다.

좋기도 하겠다!

나는 또다시 속으로만 남편을 향해 말한 후 모르는 척 앉아 있었다.

　우당탕 소리를 내며 부녀가 복층으로 올라갔다. 발코니의 커다란 창과 안방 창으로 보이는 건강하고 소담스러운 소나무들을 보며 딸은 탄성을 질렀고 남편은 작업실과 안방 사이의 간지문을 열며 이렇게 된 구조라는 둥 현관문 앞에도 안정감이 있으라고 문을 만들었다는 둥 집 소개를 했다. 실은 지난여름 어렵게 딸을 데리고 왔을 때 함께 둘러보며 해야 했을 얘기들이었다. 남도 아닌 자식에게 남에게 하듯 집을 소개해야 하는 저 꼴이 도대체 뭔가? 제 에미가 힘들고 스트레스를 받아서 이사한 지 일주일 만에 급성장염으로 응급실에 갔던 것도 모를 테지. 말을 안 했으니 당연히 모르겠지만 어쩜 저리 철이 없누?

　깔깔거리는 웃음소리가 연이어 복도를 타고 내려왔다. 화장실 앞의 간이개수대가 귀엽지 않냐는 둥, 똘똘한 우리 집 강아지는 2층에 있다가도 볼일을 보고 싶으면 여기까지 올라와서 화장실을 간다는 둥 남편의 수다는 계속 이어지고 있었다.

　흥, 천창 자랑은 왜 안 하누?

　거실 창밖의 북한산을 올려다보며 내가 중얼거리는 사이 복도를 내려오는 두 사람의 발소리가 요란하게 났다. 그러다 뚝 멈추더니 남편의 목소리가 들렸다.

　"저기 봐라. 하늘 보이지? 저게 천창이라는 거다. 낮에는 이렇게 저기서 빛이 환하게 쏟아져. 밤에는 별도 보인다, 너. 그리고 이 천창은 어느 집에도 없어. 우리 집에만 있는 거야."

"정말? 우와, 멋있겠다. 별도 보여? 진짜 좋다, 우리 집 정말 전부 다 좋은 거 같아."

밤에 별도 보여? 별? 뻥도 잘 치시네.

부녀가 나누는 이야기를 듣던 나는 끝내 커다란 웃음을 터뜨렸다. 정말 별을 보고 싶어서, 별을 볼 수 없다면 달이라도 보고 싶어서 가끔 올려다보았지만 4층 높이까지 길게 뻗은 끝에 난 천창으로는 별은 고사하고 달도 볼 수 없었다. 천창을 올려다보는 일이 그야말로 하늘의 별을 따는 것만큼 드문 남편은 더 말할 것도 없는 일이었다.

한참 웃고 나자 꼬였던 실타래가 풀리듯 딸에 대한 감정이 스르르 풀어져버렸다.

그래, 자식을 대할 때는 언젠가는 떠날 손님처럼 대하라고 했지? 언젠가는 떠날 손님! 그렇게 생각하는데 섭섭할 게 무에 있고 미울 게 뭐 있는가.

흔들의자에서 일어난 나는 부엌으로 갔다. 냉동실과 냉장실을 번갈아 뒤져가며 딸에게 무얼 좀 해 먹일까 궁리했다.

"엄마, 뭐 해?"

"너도 왔으니 뭐 맛있는 거나 해볼까 하고."

"그냥 고기 먹으러 가면 안 돼? 나 고기 먹고 싶은데."

"그래? 그럼 저녁은 고기 먹으러 가자. 내일 뭐 해 먹고."

"있잖아, 엄마. 집에 오니까 꼭 고향에 온 것 같은 느낌이야."

"음, 다행이네. 처음 생각했던 거랑 많이 다르지?"

"응."

딸이 하드 하나를 물고 휭 하니 제 방으로 갔다.

"뭐 해?"

이번에는 남편이 곁으로 다가오며 이것저것 꺼내놓은 것을 둘러보았다.

"애가 오랜만에 왔으니 뭐 좀 해볼까 하던 중이야."

"하하하. 말도 안 할 것처럼 뭐가 어떠니 저떠니 하더니 금방……."

"사돈 남 말하네. 당신은 안 그랬어? 같이 그래놓고선. 언제 그랬냐는 듯, 아이고 봐줄 수가 없을 지경이야."

서로 히죽히죽대며 우리는 식탁에 널린 식재료들을 다시 냉장고와 냉동실에 넣기 시작했다.

동네 산책

일찌감치 저녁을 먹고 난 남편과 나는 어슬렁어슬렁 동네로 나섰다. 불광중학교 앞이자 동네 입구인 삼거리에서 슈퍼마켓으로 몸을 돌렸다. 무심코 든 눈 속으로 검푸른 하늘과 둥근 달, 달빛 아래 앉아 있는 바위산들이 들어왔다. 집을 지으면서 일주일이 멀다 하고 드나

안착
하다

4층 높이까지 길게 뻗은 끝에 난 203호 천창.

203호 복층에서 바라본 복층 계단과 천창, 그리고 조명.

안착
하다

들며 보았던 풍광이었다. 달까지 환히 뜬 밤에 그 모습을 보니 어디 먼 시골에라도 온 듯한 느낌이었다.

"저 산 좀 봐."

내가 슈퍼마켓으로 들어가려는 남편을 잡았다. 고개를 든 남편도 감탄했다.

"달 밝다. 산도 잘 보이고. 참 좋네!"

남편이 산 쪽을 보는 사이 내 눈은 주거환경관리사업을 이끄는 이들, 마을 노인들과 함께 돌아보던 산 아래 마을로 넓게 미끄러져 내렸다. 언덕을 이루거나 좌우로 구부러지며 숨은 골목들, 앞서거니 뒤서거니 앉아 불을 켠 주택들이 이어지고 있었다.

"우리가 벌써 동네에 정이 많이 든 모양이야."

내가 다시 입을 열자 남편은 당연하다는 듯 목소리의 굴곡을 세웠다.

"그럼! 집 지으면서 드나든 것만도 1년인데."

"이 동네는 여기 입구에 있는 상가들만 예쁘게 만들고 인도만 생겨도 아주 달라 보일 텐데."

"주거환경관리사업 주민회의_{이하 주민회의}에서도 그 문제가 얘기되고 있다며?"

"그렇긴 한데 어찌 될지 모르지."

벌써 세 번째 주민 워크숍에 참여하고 있던 내가 대답했다. 우리 구름정원 주택에서는 마땅한 회의 장소가 없는 마을 사람들에게 사랑방도 개방하고 있었다. 이사장이 입주 축하 선물로 마련해준 빔 프로젝트를 회의할 때마다 아주 요긴하게 사용하고 있었다.

슈퍼마켓에서 물건 두어 가지를 산 우리는 산과 달, 손님을 안고 늘어선 상가들을 보며 걷다가 오른쪽 골목으로 들어섰다. 주택을 끼고 언덕배기를 한참 올라야 하는 길이었다. 독바위역을 가려면 꼭 지나야 하는 이 길을 L은 깔딱고개라고 했다.

느릿느릿 깔딱고개로 향하며 이야기를 나누던 우리는 고개 꼭대기에 오르기 전 옆 골목으로 몸을 틀었다. 우리 집 쪽으로 들어가는 골목이었다. 어두워진 후에 걸어보니 가로등도 하나 있었으면 싶고 담장도 두어 개 헐었으면 좋겠다는 생각이 들었다. 담장이 낡아 동네가 칙칙하니 벽화라도 그려서 분위기를 밝게 하면 어떻겠느냐고 내가 제안했던 곳이다.

상회와 기름집을 거치며 주거환경관리사업에 대해 다시 얘기를 나누던 우리는 어느새 공원에 이르렀다. 구름정원 건물에 처음 세를 든 커피집에서 밝고 따뜻한 불빛이 환하게 새 나오고 있었다.

"상가 두 개도 어서 나가야 할 텐데."

남편이 걱정하며 우리 건물을 바라보았다.

"나가겠지. 당장이야 어려워도 앞으로 5년 정도만 지나면 한두 개는 우리가 운영하자는 말이 나올 거야. 지금이야 다들 직장이 있으니까 그렇지."

"그땐 그렇게 되겠지. 마을 사람들도 고용하고 그러면서 자연스럽게 마을기업으로 키워나가야지."

그래, 우리에게 맞게 천천히 가는 거야. 집을 지으면서 하지 못했

안착
하다

던 공부도 함께하면서 하나씩 우리를 만들어나가면 되는 거지.

나는 남편과 이야기를 나누다 말고 그렇게 중얼거렸다. 하우징쿱 전임 사무국장과 그녀가 짠 계획서가 떠올랐다. 그녀를 꼭 한번 만나 봐야겠다는 생각이 들었다.

삽상한 날씨를 핑계로 커피집에 들어섰다. 동업을 하는 세 여자가 어서 오라며 활짝 웃었다. 평일 저녁인데도 손님이 제법 자리를 채우고 있었다. 상가가 하나라도 문을 열고 음악소리, 사람소리, 커피 가는 소리가 어울려 왁자하니 건물 전체가 활기를 띠는 것 같았다.

"H 선생님, 오늘 낮에는 동네 할아버지가 오셨는데요. 우리 동네에도 커피집이 생겨서 얼마나 좋은지 모른다고 그러시더라고요. 그러고는 내가 하도 좋아서 그러는데 손 좀 한번 잡아봐도 되느냐고 그러시는 거 있죠?"

내가 깔깔 웃으며 물었다.

"그래서 어쩌셨어요?"

"찾아주셔서 반갑고 고맙다고 하면서 악수를 했지요!"

남편과 나는 다시금 깔깔거렸다. 동네 할아버지와 커피집 주인들의 모습이 눈앞에서 보고 있는 것처럼 환하게 그려졌다. 커피집 앞을 지나며 우리도 가끔 저기 들러서 우아하게 커피 좀 마시고 그러자던 동네 할머니들의 모습도 연달아 떠올랐다. 우리 집을 구름정원 사람들 주택이라고 하지 않고 집이 하야니 모두들 하얀집이라고 부르는 이들이었다.

마을 입구의 모습. 등산객과 둘레길
탐방객을 대상으로 음식을 파는 상
가들이 인도까지 차지한 채 늘어서
있다.

안착
하다

텃밭에 감자와 상추 등을 심다

○　"성호도 밭일 좀 해."

K-1이 우리 구름정원의 늦둥이인 성호에게 조개 캐는 데 쓰는 가벼운 호미를 쥐어주었다. 구름정원에 이사 올 때는 걸음을 걷기 시작하던 아이, 긴 겨울을 나고 봄이 되면서부터는 간단한 말도 하고 뛰어다니기 시작한 아이가 호미를 들고 땅을 득득 긁었다. 지난주에 뿌려놓은 거름과 흙을 섞어주느라 땀을 뻘뻘 흘리며 삽질하던 K, M, T가 돌아보며 호탕하게 웃었다.

"우리 성호 호미질 잘하는데!"

K-1, Q, L, 나도 호미로 씨앗 뿌릴 고랑을 만들다 말고 하하거렸다. 어른들을 따라 하는 모습이 여간 귀여운 게 아니었다.

밭 전체 중 5분의 1을 공동 경작할 구간으로 남겨놓은 우리는 농사를 짓기로 한 다섯 가구의 밭을 엇비슷하게 나누었다. 약 한 평가량의 땅이었다.

"자, 그럼 지금부터 가위바위보로 밭을 고르도록 하겠습니다."

텃밭위원장인 Q의 말이 끝나자 사람들이 모두들 빙 둘러섰다. 가위바위보를 외치며 손을 원 가운데로 내밀었다. 모두들 주먹을 내는데 L만 가위를 냈다. 꼴찌가 된 것이다. 웃음이 주위 밭들이 울리도록 크게 터졌다.

다시 가위바위보를 외치며 밭 고르기가 진행되었다. K가 1위, M

이 2위, T가 3위, Q가 4위였다. 연방 외쳐대는 가위바위보 소리에 지나가는 등산객들도 모여 서서 구경을 하였다.

순서대로 K가 제일 먼저 밭을 골랐다.

"난 공동텃밭 옆의 것을 하겠습니다. 아무리 봐도 땅이 기름져 보여요."

2위인 M도 자기 밭을 골랐다.

"나는 제일 큰 것으로 하겠습니다. 세 번째 밭입니다."

T의 차례였다.

"전 맨 끝에 마지막 밭을 할게요. 그걸 하면 둔덕에도 뭘 심을 수 있지 않을까요?"

4위인 Q가 나섰다.

"어떤 게 좋을까요? 저도 큰 걸로 고를까요? 좋습니다. 전 두 번째 밭으로 하겠습니다. M샘네 거랑 뭐 별 차이 없는 것 같은데요?"

L이 불만을 하듯 했다.

"그럼 난 뭐야. 골라보지도 못하고 네 번째 밭이야?"

구경을 하던 등산객들 중 한 명이 소리쳤다.

"그러게 가위바위보를 잘해야죠!"

등산객들과 우리는 너나없이 즐겁게 웃음을 터뜨렸다. 우리의 밭 고르기가 끝나자 어떤 이는 이 동네에 사느냐 집 가까운 곳에 농사지을 곳이 있으니 얼마나 좋으냐며 부러워했다. 어떤 이는 얼마에 텃밭을 빌렸는지 농사를 지으면 이문이 얼마나 남는지 묻기도 했다. 파는 게 아니기 때문에 이문이랄 것도 없고 야채 값이 좀 덜 든다는 T의 대답에는 모든 이들이 고개를 끄덕이기도 했다.

공동텃밭에 Q가 준비한 씨감자를 다 심고 난 우리는 각자의 밭으로 달려들었다. M은 상추씨를 받아다가 뿌렸고, K는 아욱과 상추씨를 뿌렸으며, T는 시금치씨를 뿌린 후 상추 모종을 사다 심었다. 씨가 모자란지라 Q는 밭 일부에 상추씨만 뿌렸고 L은 다음에 모종을 심겠노라고 했다.

손은 많고 밭이 작으니 일이 금방 끝났다. 아직 아무것도 심지 않은 옆 밭에 다 같이 엉덩이를 깔고 앉았다. 대단한 일이라도 끝내고 난 것처럼 막걸리를 꺼냈다. 고수레를 하고 건배도 했다. 우리가 모여서 집을 지은 후 처음으로 함께 짓는 농사였다.

"이놈들, 성호처럼 쑥쑥 자라라."

단정하게 정돈된 밭을 보며 L이 말했다.

"이노. 이노."

성호가 L의 말을 따라 했다. 다시금 웃어대는 우리의 눈앞에는 향로봉과 족두리봉 등이 우람하게 앉아 기울어가는 오후 시간을 맞고 있었다. 다음 주에는 집에서 걸어 15분 거리에 있는 갈현텃밭에 거름을 할 계획이었다. 구에서 분양하는 것으로 동네텃밭에 비해 가격도 쌌지만 주차장, 화장실, 원두막 시설까지 두루 갖춘 장점이 있는 곳이었다.

1 농사 시작하기 전 갈현텃밭에 거름을 하고 있는 모습.
2 감자 싹이 땅을 가르며 머리를 막 내미는 모습.
3 시금치와 상추가 무럭무럭 크는 동네텃밭.
4 갈현텃밭에 심은 고추, 가지, 방울토마토가 자란 모습.

안착
하다

봄이 무르익는 마을

○   아침 산책에 나섰다. 불광중학교 뒤의 둘레길로 접어들자 며칠
새 무성해진 연두색 잎들이 숲을 그윽하게 채우고 있었다. 몇 걸음
더 숲으로 들어가니 연분홍 산벚꽃들도 자태를 드러냈다. 진달래와
개나리가 물러간 자리에 두 빛이 온통 흐드러지고 어울려 여리디여
린 생명의 향연을 벌이고 있었다.

내 생에 언제 또 이렇듯 고운 봄을 맞은 적이 있었던가?

걸어도 걸어도 끝없이 펼쳐질 것만 같은 길을 걸으며 숨을 크게
들이쉬었다. 둘레길을 버리고 고운 색을 따라 계속 나아가다 야산 꼭
대기에 이르렀다. 그러고는 또 수채화 속으로 걸어 들어가듯 아래로
난 길을 따라 천천히 걸었다. 물감이 툭툭 떨어지듯 봄물에 흠뻑 젖
는 것 같았다.

산길을 내려온 나는 문득 그곳에서 멀지 않은 갈현텃밭이 생각
났다. 밭에 심은 작물들이 얼마나 자랐는지 궁금해서 그냥 갈 수가
없었다. 막 연두색불이 들어온 도로를 건너고 고물상 골목으로 접어
들었다. 주택 서너 채를 지나자 갈현텃밭 뒤의 야산이 바로 눈에 들
어왔다.

비도 왔는데 아직 소식이 없나?

둥근 밭두렁만 삭막하게 보이는 우리 밭으로 들어섰다. 두렁마다
자세히 들여다보는데 땅이 쩍쩍 갈라진 사이로 막 잎을 틔운 감자싹

두 개가 고개를 내밀고 있는 게 보였다. 생명의 힘, 위대함과 같은 말들이 떠올랐다. 대단히 감동적이었다. 마치 엄마 자궁에서 세상으로 나오려고 머리를 내민 아이 같았다.

지금도 땅속에서는 한창 투쟁 중이겠지?

만족스러운 미소를 지으며 옆에 떨어져 있는 다른 밭고랑으로 갔다. 그곳에는 기대하지 않았던 완두콩 싹들이 이미 모두 땅을 차고 나와 있었다. 땅을 뚫고 나가려고 기를 쓰는 모습이 확연히 잡히는 감자싹을 볼 때의 감동은 없었지만 그 또한 신비하고 기특한 모습이었다. 아직 아무것도 심지 않은 밭에는 고추, 가지, 방울토마토 등 모종을 사다 심을 계획이었다.

흡사 산골의 계단밭처럼 만들어진 갈현텃밭을 휘이 돌아본 나는 발길을 돌렸다. 갈현텃밭의 감자며 완두콩 싹을 보고 나니 동네텃밭이 궁금해졌다. 다시 도로를 건너고 은평뉴타운아파트 앞의 서울둘레길을 거쳐 나지막한 고개로 향했다.

고개를 넘자 만개한 벚꽃들이 제일 먼저 반기고 멀리에서는 드넓은 밭 가운데에 있는 복숭아나무가 꽃잎을 화사하게 내보이며 유혹했다. 밭 뒤로는 갈현텃밭에서는 볼 수 없던 연두색 나뭇잎과 연분홍 꽃잎들이 안개처럼 뭉실뭉실 피어오르고 있었다. 산길을 걸을 때 수채화 속을 걷는 것 같았다면 이곳은 마치 대형 수채화를 병풍처럼 펼쳐놓은 것 같았다.

넋을 놓고 풍경을 바라보다 밭으로 들어섰다. 동네텃밭에 심은 감자들은 갈현텃밭보다 빨라서 땅을 가르는 시기를 지난 잎들이 땅

287

위로 제법 많이 올라와 있었다. 각 가구의 밭으로 들어서니 T의 밭이 제일 먼저 눈길을 끌었다. 모종을 심었던 상추가 벌써 뜯어 먹어도 될 정도로 커다랗게 잎을 벌리고 있었고 시금치도 오밀조밀 새파랗게 싹을 올리고 있어서였다. 아무것도 심지 않았던 L의 밭에는 고추, 가지, 방울토마토, 오이 등이 심어져 있었다. 식물은 자리를 옮겨 심으면 얼마간은 몸살을 한다고 그러더니 안타깝게도 시들시들했다.

너희들도 땅속에서 한창 투쟁 중이겠구나.

그리 중얼거리며 우리 밭을 보았다. 겉지 끝마디만 한 연한 상추들이 빽빽이 올라오고 있었다. 종류가 다른 것인지 보라색 잎들 가운데는 연둣빛만을 띠는 상추도 있었다. 좀 지나면 솎아줘야 할 것 같았다. 우리 옆 Q의 밭 3분의 1가량에도 상추싹만 올라와 있었다. 빈 터에 청경채, 쑥갓, 치커리 씨앗을 심었다고 하더니 뭔가를 한 흔적이 흙 위에 그대로 남아 있었다. Q의 밭 옆인 K네 밭도 보았다. 상추가 다른 밭처럼 싹을 내민 것은 물론 남의 밭에는 없는 아욱이 한 고랑 귀여운 싹들을 내밀고 있었다.

어떻게 아욱 심을 생각을 다 했지?

부러움 반 질투 반으로 그 모습을 바라보다 나중에 몇 개 분양받아야겠다는 생각이 들었다. 우리 밭이 재미없게 상추만 많으니 가지나 방울토마토 등 작물의 다양화를 꾀해야겠다는 계획도 섰다.

밭을 다 돌아보았는데도 그냥 가기가 아쉬웠던 나는 지난번 씨앗을 뿌리고 난 후 막걸리를 먹었던 밭두렁에 앉았다. 이틀 전 비가 온 덕분에 한층 가까워진 산봉우리들, 그 아래로 연하고 곱게 펼쳐진 드

넓은 봄을 망연히 바라보았다. 돌아보니 전에 살았던 인천이 단 한 번도 생각나지 않았다는 사실이 떠올랐다. 때로는 이곳을 인천으로 착각하고 있는 때도 문득문득 있었지만 이상한 일이었다. 한 건물에서 같은 고민을 하며 함께 살아가는 사람들이 있고 마을 사람들을 알게 되면서 마을 일도 같이 공유하는 까닭일까? 마치 오래전부터 살아왔던 곳처럼 자연스럽게 자연과 동네에 스며든 것 같았다. 집과 음식점 등에 관한 것도 그랬다. 처음 이사 와서 나를 힘들게 하던 집의 복층 계단도 이제는 아무 문제가 되지 않았다. 둘레길이나 동네 산책을 꾸준히 하며 지내다보니 어느 순간 계단을 뛰어오르고 있는 나를 발견했다. 동네에 많은 음식점들이 있었지만 맛집이라 할 만한 곳을 찾지 못해 괴롭던 일도 시간과 함께 해결되었다. 조금 걸어서 동네를 빠져나갔다가 발견하기도 했고 전혀 예상치 못한 허름한 골목에서 정갈한 음식점을 발견하기도 했다. 산다는 것은 다 그런 것이런가?

생명의 힘과 봄빛으로 충만해진 나는 밭을 벗어나 동네로 가는 길로 접어들었다. 밭들을 둘러보느라 여느 때보다 일하는 시간이 한참 늦어져 있었지만 그쯤이야 하면서 콧노래를 불렀다.

버스 종점을 지나 막 우리 집을 향해 올라갈 때였다. 이번에는 우리 집 근방 산 아래를 연분홍과 연두색으로 물들인 나무들을 바라보며 걷고 있는데 누군가 인사를 건네왔다.

"안녕하세요?"

"아, 안녕하세요?"

안착
하다

나는 엉겁결에 마주보며 인사를 했다. 주거환경관리사업을 이끌고 있는 E사 사람들이었다. 목요일이라 주민들과 함께 마을 청소를 하러 나온 것이었다.

어쩌지? 일해야 하는데. 아이 참, 그렇다고 그냥 들어갈 수도 없는 것 같은데? 마을 사람들이 하나도 안 나왔으니…… 에라 모르겠다. 청소 잠깐 하는 시간에 일을 해봐야 얼마나 한다고. 그동안 청소하는 걸 뻔히 알면서도 그냥 있으려니 얼마나 맘이 불편했어. 눈 딱 감고 열심히 하자.

나는 그들이 가지고 온 빗자루를 들고 비질을 시작했다. 청소는 공원 아래 대로인 구름정원 주택 앞부터 시작해서 마을 입구인 불광중학교까지였다. 사람들이 주차를 하면서 자꾸 밟아대는 우리 집 화단의 낙엽을 들추자 눈에 보이지 않던 담배꽁초며 쓰레기들이 많이 나왔다. 죽은 나무 대신 꽃씨를 심기로 한지라 알뜰히 주워냈다. 버스 종점을 못 미처 가서는 길바닥에 낙엽을 주워 담은 큰 부대들이 네댓 개 뒹굴었다. 볼 때마다 치웠으면 하던 것들이었다. 종점을 지나 노인들이 늘 앉아 있곤 하는 맞은편 전봇대 밑에는 무단 투기된 음식물쓰레기며 일반쓰레기가 뒤섞여 악취가 진동했다. 집에서 쓰던 가구들을 몰래 버리거나 연탄재를 차량 뒤에 버려놓은 곳도 있었다. 화분에 꽃을 심어 가져다 놓는 게 좋겠다는 얘기가 나왔다. 상가에서 마을 입구까지는 상가 주인들이 관리를 하니 그 정도는 아니었지만 담배꽁초들은 여전히 여기저기 버려져 있었다.

두어 시간에 걸친 마을 청소를 끝내고 돌아오며 나는 구청 청소

과에 전화를 했다. 낙엽을 주워 담은 큰 부대들이 두 달 넘게 길바닥에 널브러져 있으니 치워달라고 했다. 집으로 돌아와서는 쓰레기봉투를 가지고 화단으로 나왔다. 다음 주쯤 꽃씨를 뿌리려면 겨우내 화단을 덮고 있던 낙엽을 치워야 할 것 같아서였다.

무단으로 쓰레기를 버리는 곳은 언제쯤 화단을 만드는 게 좋을까? 낙엽을 긁어모으며 나는 어느새 그 생각을 하고 있었다.

생일잔치

○   "이모."

일요일, 남편과 산책을 나서다가 집 앞에서 성호의 목소리를 들었다. 어디인가 둘러보는데 K-1의 목소리가 났다.

"여기요, 여기!"

소리가 나는 우리 건물을 올려다보니 성호와 K-1이 사랑방 창문에 붙어 서서 우리에게 손을 흔들고 있었다.

"거기서 뭐 해요?"

"그냥 사랑방에서 성호랑 놀고 있어요."

"우리 산책 갈 건데 같이 가세요."

"좋지요."

안착
하다

"K샘은요?"

"애랑 자고 있는 새에 동네텃밭 갔대요. 금방 내려갈게요."

K-1이 사랑방 창문을 닫았다. 내가 K-1과 이야기를 나누는 사이 언제 왔는지 L이 나타나 우리와 함께 사랑방 창문을 올려다보고 있었다.

"오늘 K샘 생일인데 같이 저녁이라도 먹으러 가야 되는 거 아니오?"

K-1이 창문에서 사라지자 L이 우리를 보며 말했다.

"듣고 보니 그러네요. 그럼 어디로 가지요?"

남편이 물었다.

"글쎄, 마땅한 데가 없어서. 그냥 요 아래쪽 음식점으로 갈까요?"

"맛이 좀……."

L과 이야기를 나누던 남편이 쪼그려 앉았다. L도 나도 덩달아 쪼그려 앉았다. 그러다가 K가 동네텃밭에 갔다는 얘기가 떠올라서 그쪽으로 일단 가보기로 했다. 봄에 태어난 사람들이 많아서 구름정원 주택에 사는 조합원들의 생일은 벌써 반이나 지나 있었다. 그동안 생일잔치 열 생각을 왜 한 번도 못했는지 참으로 의아스러웠다.

버스 종점까지 내려갔을 때 텃밭에서 오고 있는 K와 Q를 만났다. 손에는 상추 솎은 것을 한 보따리씩 가지고 있었다.

"K샘, 오늘 생일 턱 좀 내요."

"허허허, 그럴까요?"

L이 K에게 다시 생일 얘기를 꺼냈고 세 사람은 장소 문제로 또 설

왕설래하였다. 확실하게 생일 축하자리가 마련되겠구나 싶어진 나는
Q에게 K-1을 데려오라고 하고는 쏜살같이 마을 입구를 향해 뛰다시
피 했다. 케이크를 준비하기 위해서였다. 빵집에 가려면 10분 이상을
걸어 시내까지 가야 하기 때문이었다.

　케이크를 사 들고 종점을 향해 부지런히 걷다가 K-1과 Q, 성호
를 만났다. 다른 이들은 이미 X맛집에 가 있다고 했다. 넷이서 또 빠
르게 X맛집으로 향했다.

　생일 축하합니다. 생일 축하합니다. 사랑하는 K샘, 생일 축하합니다.

　초에 불을 붙이자 자연스럽게 생일 노래가 나왔다. 박수가 이어
지고 축하한다는 말이 쏟아지고 성호와 함께 K가 촛불을 껐다.

　"고맙습니다. 저는 그동안 부모님이랑 함께 산 데다 아버지 생신
이 제 생일 며칠 전이라 한 번도 이렇게 생일 축하자리를 가져본 적
이 없습니다. 여기 구름정원 주택에 와서 처음 축하를 받아보네요."

　"그래요?"

　나이가 50대 중반인데 그런 경우도 있구나. 축하자리 마련하길
정말 잘했어.

　나는 그리 생각하며 사람들을 둘러보았다. T만 빠졌을 뿐 공교롭
게도 모인 사람들이 모두 텃밭농사를 짓는 사람들이었다.

　일요일이라 집에 있는 사람도 있었을 텐데. 불러서 함께 자리를
할 걸 그랬구나. 어째서 그런 생각은 못한 거지?

293

뒤늦게 또 그 생각이 들었다. 우리끼리는 농사일이 끝나면 막걸리도 한잔 하고 밥도 같이 먹고 하면서 자주 보고 지냈던 터다. 그렇지 않은 세 가구는 한 달에 한 번 열리는 회의 때를 빼고는 얼굴 보기도 힘들었다.

마치 생일 축하자리라는 것을 알기라도 한 듯 신선한 봄나물과 직접 쑤었다는 묵과 간이 적절한 간재미구이 등 입맛을 당기는 정성스런 반찬들이 계속 나왔다. 그득한 상을 바라보고 있으려니 한복을 곱게 차려입은 할머니의 손을 잡고 윗동네 아랫동네 생일상을 차린 집에 가던 어린 시절의 일이 떠올랐다. 할머니나 아버지의 생신 때는 윗동네 아랫동네 어른들이 우리 집으로 와서 아침을 드셨다. 눈코 뜰 새 없는 계절이든 화롯불에 고구마나 구워 먹는 계절이든 예외가 없었다. 서로 만나던 그런 시간들을 바탕으로 농사일 품앗이도 돌아가며 하고 어느 집에 큰일이 있을 때는 내 일처럼 나서서 도우며 지냈으리라.

내 생일은 이미 지났으니 남편의 생일 때는 사람들을 꼭 초대해야지.

획기적인 생각이라도 해낸 것처럼 나는 아주 뿌듯해졌다. 한 건물에 사는 사람들과 어떻게 자연스럽게 유대를 강화할 수 있는가 하는 한 방법을 찾은 것만 같아서였다. 그렇게 살다보면 서로 하는 일이 다르고 관심 있는 영역이 달라도 어렸을 때의 동네 사람들처럼 공동체를 잘 형성할 수 있을 터였다. 그러고 보니 이 자리는 옆집에 사는 사람들과 내가 생전 처음 치르는 생일잔치이기도 했다.

돌아오는 길, Q와 나는 구름정원 주택의 늦둥이 성호의 팔을 한 쪽씩 잡고 걸었다. 그러다 어느 순간 셋을 셀 때마다 아이를 번쩍 들어 올리는 놀이를 시작했다. 지나가는 길가마다 성호의 웃음이 까르르 퍼졌다. 꽤 되는 거리였음에도 아이는 지치지 않고 걸었고 눈앞에는 어느새 반 년 전에 지은 우리의 집, 여덟 가구를 품은 하얀 집이 우람하게 서 있었다.

안착
하다

구름정원사람들 협동조합주택을 소개합니다

설계　　윤승현, 서준혁

설계담당　장병수, 송민준

대지위치　서울특별시 은평구 불광동 25-3 외 2필지

용도　　다세대주택(8세대), 근린생활시설

대지면적　511㎡

건축면적　305. 93㎡

연면적　855.68㎡

규모　　지하1층, 지상4층

건폐율　59.87% (법정 60%)

용적율　148.64% (법정 150%)

2F

① 주택 201호

② 주택 202호

③ 주택 203호

④ 주택 301호

3F

③ 주택 203호

④ 주택 301호

⑤ 주택 302호

⑥ 주택 303호

4F

⑥ 주택 303호

⑦ 주택 401호

⑧ 주택 402호

201호(1호) MINI INTERVIEW

집을 지은 것이 처음이다. 집 허물고 땅 파고 건물이 한 층 한 층 올라가는데, '집 짓는 즐거움'이 이런 거구나 싶은 게 재미가 쏠쏠했다. 입주해서는 아파트와 달리 나무도 가까이에서 볼 수 있고, 땅도 가깝고, 사람들 사는 소리도 나고, 새소리·풀벌레소리를 들을 수 있어서 좋다. 특히 사랑방은 우리들만의 사랑방일 뿐 아니라 마을회관 역할까지 하고 있다. 나만, 우리만 행복한 것이 아니라 마을까지 그것을 나눌 수 있으니 참으로 뿌듯하다.

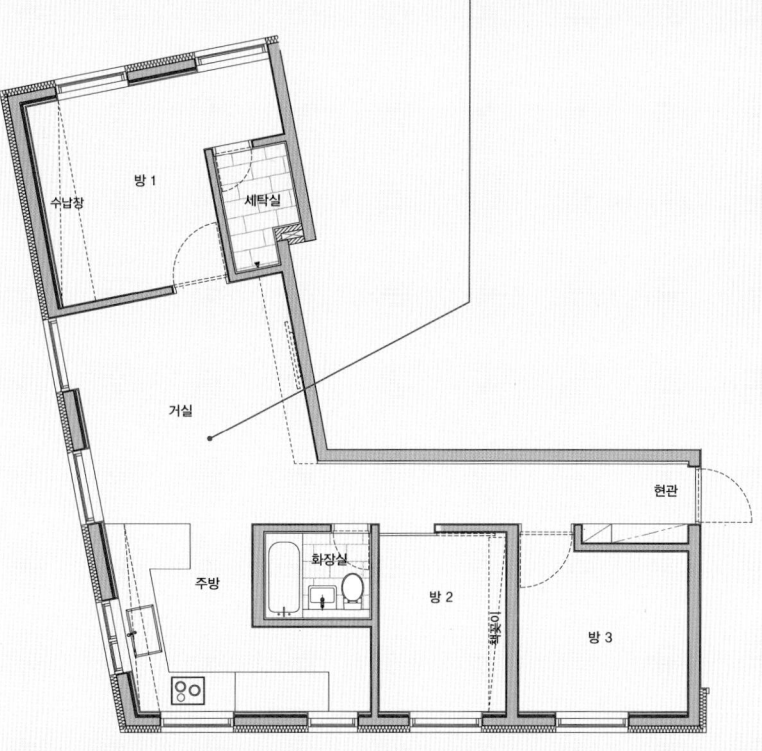

202호(2호) MINI INTERVIEW

이사 와서 제일 좋은 것은 먹을 것을 나눈다는 것이다. 전에는 시골에서 야채를 가져오면 미처 다 먹지 못해 썩히거나 버렸다. 그런데 지금은 복도에 내놓고 밴드에 알리면 각 집에서 필요한 것들을 가져간다. 버리지 않으니 마음이 편하다. 그렇다고 우리 집만 그러는 건 아니다. 다른 집에서도 시골에서 온 야채나 텃밭에서 기른 것들을 내놓는데, 우리 역시 필요한 것을 가져다 먹는다. 그럴 때는 엄청 좋은 것이 하늘에서 뚝 떨어진 기분이다.

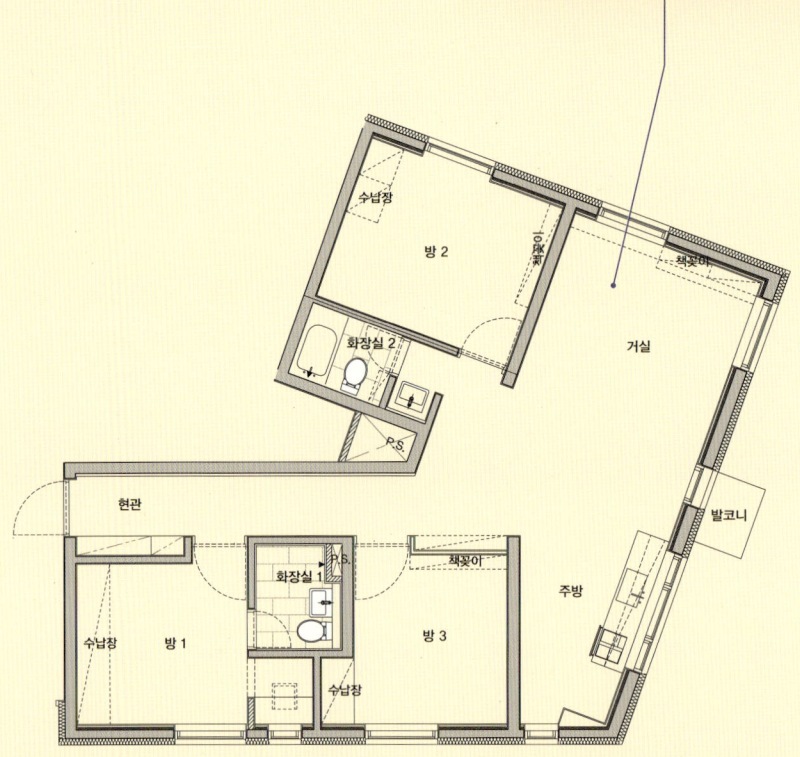

203호(3호) MINI INTERVIEW

텃밭농사를 하면서 함께 땀 흘리고 생명이 자라는 걸 보는 게 좋았다. 직장을 다니면서 하려니 힘들었지만 산을 가거나 둘레길을 걷는 것과는 질이 다른 힐링을 경험하게 해주었다. 그리고 거기서 나온 상추며 고추를 따서 구름정원 식구들과 삼겹살 파티를 할 때는 뿌듯했다. 파티를 할 때마다 분위기도 더할 나위 없이 좋았던 데다 이웃과 함께 산다는 것이 바로 이런 거구나 하는 충만감이 들어서였다. 아파트에서 살 때에는 전혀 맛보지 못했던 것들이다.

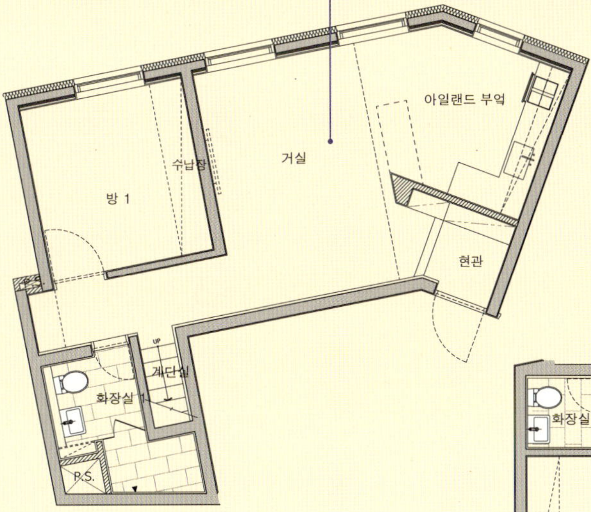

아래층

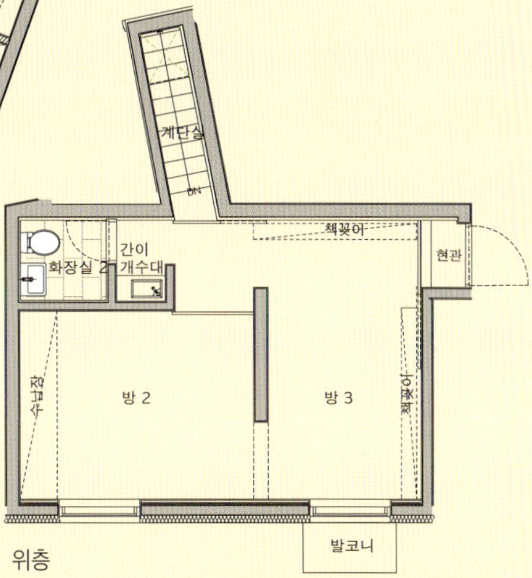

위층

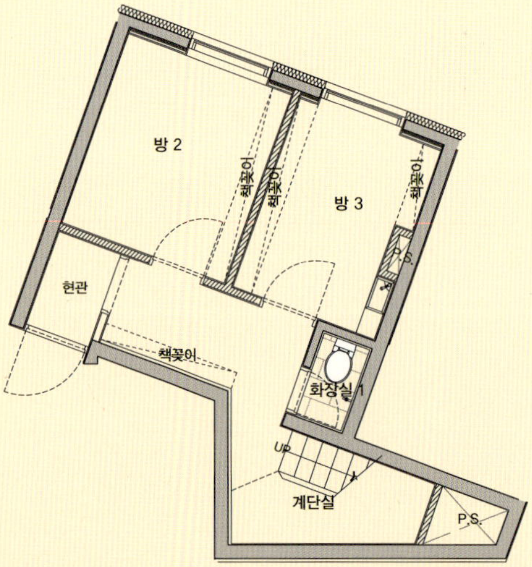

방 2

장롱

방 3

10평형

현관

P.S.

책꽂이

화장실 1

UP

계단실

P.S.

아래층

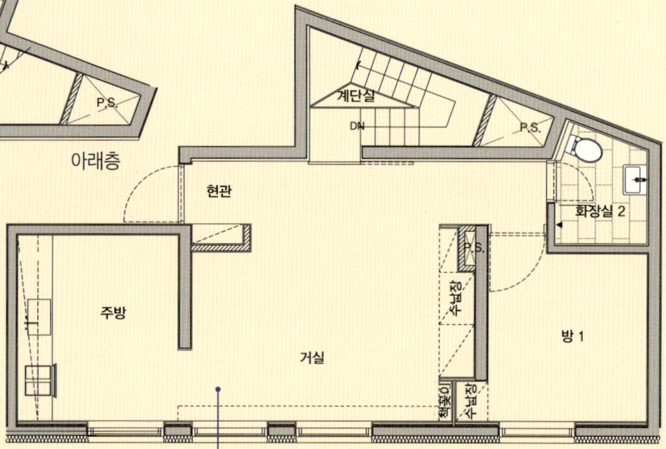

계단실

DN

P.S.

현관

화장실 2

P.S.

주방

붙박이장

거실

방 1

붙박이장

신발장

위층

301호(4호) MINI INTERVIEW

처음에는 살림 정리가 안 되어서 복층집이 너무
불편했다. 하루에도 몇 번씩 계단을 오르내리며
물건을 찾아야 했기 때문이다. 그런데 집에 적응
도 되고 살림이 정돈되니 복층집이 꽤 매력 있었
다. 아래위층이 독립적이어서 한집인데도 소리
가 거의 들리지 않기 때문이다. 친척이 와서 두
어 달 있었는데, 그 덕에 전혀 불편하지 않았다.
벗이나 지인들이 필요로 할 때 몇 달씩 함께 지
내도 좋을 것 같다.

302호(5호) MINI INTERVIEW

사람은 자주 보는 게 중요하다. 그러면서 이웃사촌이 되어간다. 이곳에 뼈를 묻기로 작정하고 집을 지은 우리 구름정원 식구들은 빼도 박도 못할 이웃이 되었다. 하지만 사람만 이웃이 될 수 있는 건 아니다. 자연도 이웃사촌이 될 수 있다고 생각한다. 날이 따뜻해지면서 애를 데리고 애 엄마와 함께 구름정원둘레길을 수없이 다녔다. 그러면서 우리 집은 북한산을 또 다른 이웃사촌으로 만들었다.

303호(6호) MINI INTERVIEW

우리 구름정원에 사는 아이들을 보면 주변에서 스쳐가는 아이들을 볼 때와 다르다. 마치 큰집 아이나 작은집 아이, 혹은 외갓집 아이들을 보는 거 같은 느낌이 들기 때문이다. 몸짓 하나 말투 하나도 기억하게 되고, 관심을 갖고 말을 걸게 되고, 대답을 들을 때면 몸살이 나도록 귀엽기도 하다. 내가 아이들을 이렇게 예뻐했나 하는 생각이 들 정도다. 공동체를 이루고 함께 살아간다는 게 이런 거구나 싶고 활력이 생긴다.

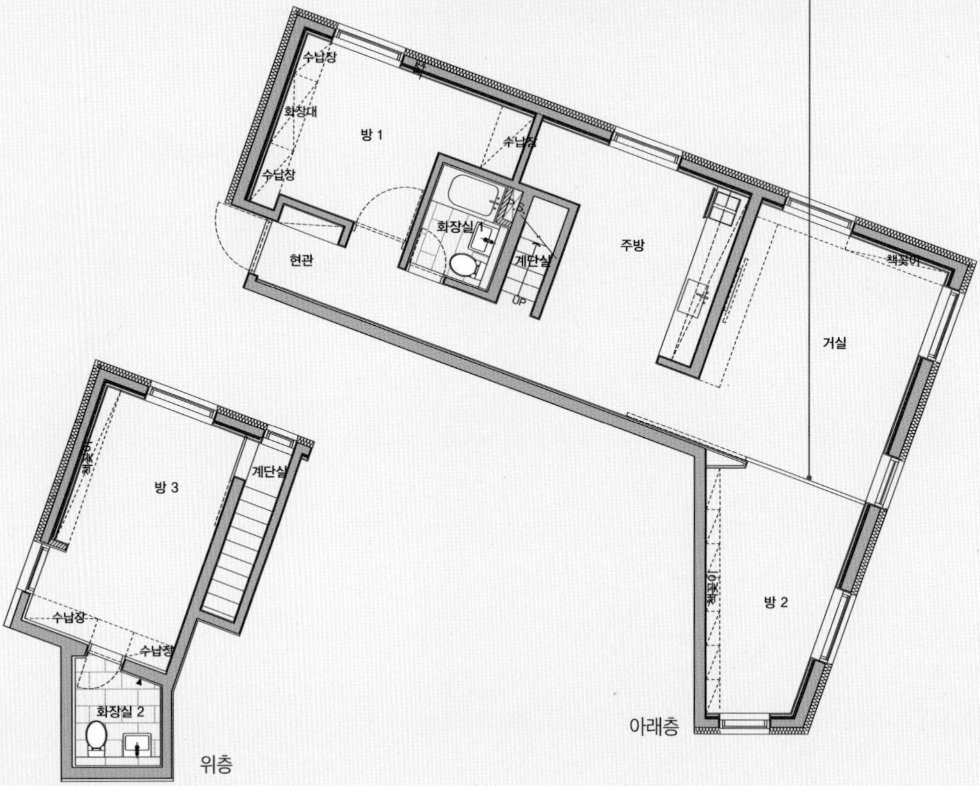

수납장

화장대

방 1

수납장

수납장

현관

화장실 1

계단실

주방

책꽂이

거실

방 3

계단실

수납장

수납장

화장실 2

방 2

아래층

위층

304

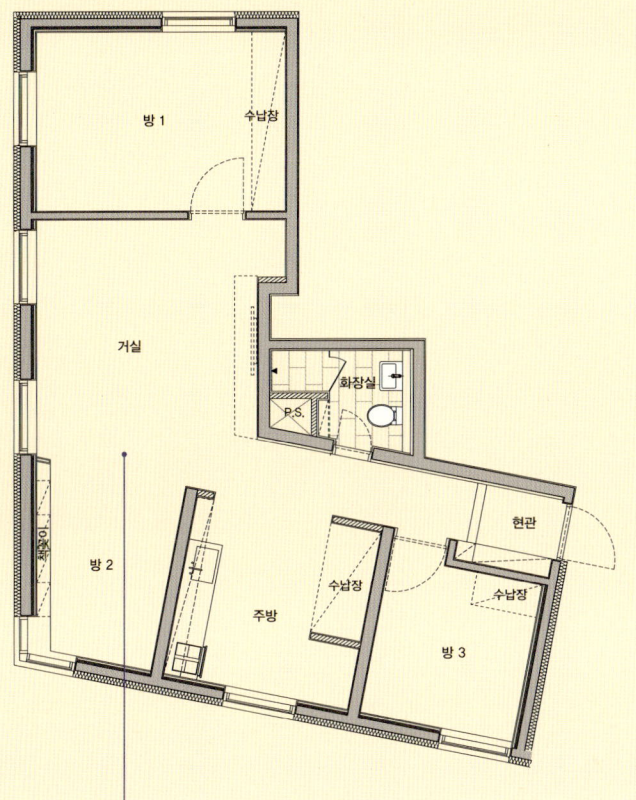

방 1

수납장

거실

화장실

P.S.

현관

방 2

신발장

수납장

주방

수납장

방 3

401호(7호) MINI INTERVIEW

우리 건물의 각 집은 바닥에 자갈을 깐 후 모래를 덮었다. 그렇게 하면 자갈이 열을 보관하기 때문에 온기가 오래간다고 했다. 지난겨울 살아보니 저녁에 한 번 보일러를 넣으면 다음 날 오전까지 틀지 않아도 될 만큼 집 안이 따뜻했다. 창문 또한 닫아놓으면 밖의 소리가 거의 들리지 않는데, 그 진가는 여름에 제대로 확인할 수 있었다. 비가 와도 창문을 열어놓을 수 있는 데다 창 위로 또로록 흘러내리는 빗방울들을 보는 것이 무한한 행복감을 주어서였다.

402호(8호) MINI INTERVIEW

집을 지을 때 남편은 집 짓는 것보다 사람들 만나는 걸 더 즐기는 것 같았다. 입주를 하면 한 건물에 살게 될 텐데 매일 사람들과 어울려서 술만 마시고 그러면 어쩌나 걱정이 되었다. 그런데 전혀 그렇지 않은 모습을 보면서 참 좋았다. 회의 때나 가끔을 빼고는 이전과 다름없는 개인 생활이 유지된 것이다. 앞으로도 우리 구름정원 식구들은 서로 더 좋은 관계를 유지하면서 개인 생활을 잘 운영하는 가족들이 되리란 믿음이 생겼다.

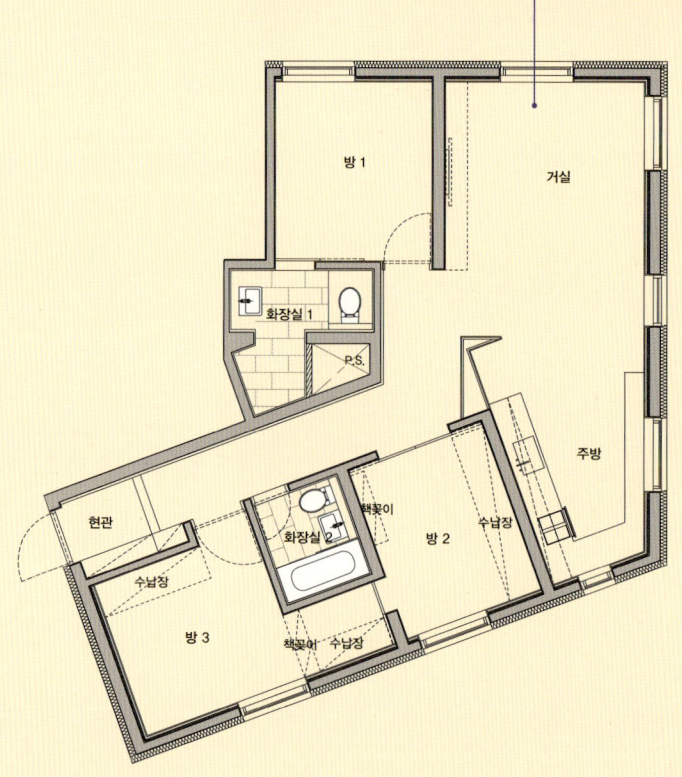

협동조합으로
집짓기 Q&A

기노채 (하우징쿱주택협동조합 이사장)

1. 하우징쿱주택협동조합을 간단히 소개해주세요.

'하우징쿱주택협동조합(이하 하우징쿱)'은 2013년 6월 4일 설립한 한국 최초의 주택소비자협동조합입니다. '주택을 필요로 하는 소비자들이 자주적인 협동조합 활동을 통해 양질의 주택을 합리적인 가격으로 마련하고 이들이 상생의 주거공동체를 건설할 수 있도록 지원하는 것'을 사업목적으로 합니다.

'하우징쿱'은 개인과 가족의 행복을 담는 주택, 이웃과 함께하는 커뮤니티 중심 주택, 소비자 소득으로 부담 가능한 경제적인 주택, 지속가능한 친환경 주택을 주택공급의 4대 기본원칙으로 정하여 사업을 추진하고 있습니다. 그 첫 결실이 2014년 서울 은평구 불광동에 공급한 '구름정원 사람들 협동조합주택'입니다.

2. 주택협동조합이란 무엇인가요?

주택협동조합이란 '공동으로 소유하고 민주적으로 운영되는 기업Enterprise을 통해 공동의 경제적·사회적·문화적 필요와 욕구를 충족시키고자 자발적으로 모인 사람들의 자율적 단체Association'를 말합니다. 또한 협동조합주택이란 국제협동조합연맹이 정한 협동조합 7대 원칙을 준수하는 주택협동조합이 소비자 조합원을 위해 공급하거나 개발하는 주택을 말합니다. 이러한 주택은 투자자본의 수익 창출을 목적으로 하는 건설회사나 개발회사가 공급해온 일반 분양주택보다 소비자의 필요와 욕구에 더 충실합니다. 또, 개발이익이 협동조합에 귀속되고 실용적인 주택을 건설하기 때문에 공급 가격이 상대적으로 저렴합니다. 더불어 자발적이고 민주적으로 운영되는 협동조합이 직접 주택을 공급하고 관리하기 때문에 거주자 공동체가 더 활성화될 수 있다는 것이 특징입니다.

유럽의 주택협동조합은 급속한 도시화와 전쟁으로 주택이 심각하게 부족했던 20세기 초, 공공의 지원하에 급속히 성장했습니다. 반면, 한국의 경우는 2012년 12월 협동조합기본법이 시행되면서 기초적인 법적 토대가 만들어졌기 때문에 출발이 매우 늦었습니다. 그뿐 아니라 이미 주택보급률이 100%를 넘고, 19세기 유럽과 같은 공공의 토지, 금융, 세제 지원제도가 거의 없습니다. 그러므로 한국의 주택협동조합 설립은 단순한 주거비 절감 목적보다는 함께 사는 이웃들과의 공동체성을 회복하고 소비자의 주거만족도를 높이며 주택의 생애비용 절감 및 친환경주택을 공급하는 목적이 더 크다고 할 수 있습니다.

3. 주택협동조합에는 어떤 유형이 있나요?

주택협동조합은 설립목적에 따라 크게 '주택건축협동조합'과 '주택관리협동조합'으로 구분할 수 있습니다.

주택건축협동조합은 '주택협동조합이 주택의 개발시행과 건설이라는 공급업무를 주로 하여, 조합원에게 양질의 주택을 저렴하게 공급하는 것'이 목적인 협동조합입니다. 주택건축협동조합의 조합원은 주로 협동조합을 통해 주택을 분양받으려고 기다리는 수요자들입니다. 협동조합은 주택 공급과정에 조합원의 의견을 최대한 수렴, 반영하여 주택 만족도를 높이는 역할을 합니다. 이 경우 건설된 주택의 최종 소유권은 주택협동조합이 아니라 분양받은 개인이 갖습니다. 현재 하우징쿱은 이러한 유형을 추구하는 소비자 협동조합이라 할 수 있고, 소유권이 개인에게 있는 '구름정원사람들 협동조합주택'은 하우징쿱이 개발한 협동조합형 공유주택이라 볼 수 있습니다.

이에 반해 '주택관리협동조합'은 건설 과정뿐만 아니라 주택 입주 이후 주택의 유지-보수-관리 과정까지 확장하여 그 역할을 하는 주택협동조합을 말합니다. 이 유형에서는 일반적으로 주택의 소유권은 조합원 개인이 아닌 주택협동조합에 있고, 개인은 단지 주택협동조합의 출자지분만을 가집니다.

이러한 '주택관리협동조합'은 '조합원의 경우 공동으로 투자한 것을 지분으로 소유하고, 조합의 경우는 민주적으로 운영되고, 주택과 토지를 소유·점유하며, 조합원으로부터 필요 운영경비를 받아 유지되는 법인체'를 의미합니다. 공공의 지원을 받은 서구의 많은 조합이 이 같은 방식으로 운영되고 있습니다. 이 유형의 주택협동조합이 거주권 확보와 커뮤니티 활성화라는 주택협동조합의 기본목적에 더 부합하다고 볼 수 있습니다. 하우징쿱이 총괄사업관리업체로 참여하여 제주도에 설립한 '오시리가름 협동조합주택'은 이러한 '주택관리협동조합'이라고 할 수 있습니다. 주택협동조합은 주택과 단지 전체 소유권을 갖고 주택임대사업과 주택관리업무를 수행합니다. 조합원은 조합으로부터 단위주택을 임차하여 거주합니다. 따라서 이 경우 조합원은 주택의 임차인으로 거주권을 가질 수 있지만 독자적으로 주택에 대해 재산권을 행사하기 어렵습니다.

4. 공유주택이란 무엇이고 협동조합주택과는 어떠한 차이가 있나요?

공유주택이란 '비혈연적인 관계의 개인이나 가구들이 거주자 간 교류 확대와 공간의 효율적인 활용을 통한 주거비 절감 등을 목적으로 주택의 외부와 내부에 함께 사용하는 공동의 공간과 시설을 갖춘 주택'을 말합니다.

공유주택은 주택협동조합의 등장보다 약 1세기 정도 늦은 1968년, 덴마크에서 시작됐습니다. 당시 전문직 맞벌이 가구들이 공동양육과 공동저녁식사를 통해 공동체성을 회복하고 가사노동을 절

감하고자 처음으로 건설되었습니다. 이러한 공유
주택은 도시화와 가구분화로 인한 소외 현상 개
선, 여성의 사회참여 증가로 인한 육아와 가사노
동의 분담 및 공유를 통한 주거비 절감 등을 목적
으로 점차 확산되었습니다. 현재까지 덴마크, 스
웨덴, 미국, 캐나다, 호주, 뉴질랜드, 독일, 프랑
스, 벨기에, 오스트리아, 일본 등 많은 나라에서
다양한 형태의 공유주택이 건설되었습니다. 한국
에서도 하우징쿱의 은평 '구름정원사람들 협동조
합주택'과 제주 '오시리가름 협동조합주택', 성미
산마을의 '소행주주택', 부산의 '일오집' 등이 이
러한 공유주택의 형태로 건설되었습니다.

공유주택은 거주자들을 위한 적절한 수준의 공유
시설(하드웨어)과 사회적 교류활성화에 관한 프로
그램과 공동체 내부규약(소프트웨어)이 필요합니
다. 다시 말해 공유주택은 공유공간을 가진 주택
만을 의미하는 것이 아닙니다. 공동주택에 체력
단련실과 같은 공유시설이 있다고 해도, 입주자
의 활발한 참여와 교류 그리고 민주적이고 자발
적으로 제정된 규약이 없다면 공유주택이라고 할
수 없습니다. 공유주택은 선진국에서도 총주택수
에 비해 보급량이 매우 적고 보급 속도도 느립니
다. 그 때문에 아직까지는 대안주거의 특수한 형
태로 이해해야 합니다.

공유주택은 아래 표에서 정리한 바와 같이 개념
적으로 협동조합주택과는 약간의 차이가 있습니
다. 하지만 1995년 최종 수정된 국제협동조합연
맹의 협동조합 7대 기본원칙에 지역사회Communi-
ty에 관한 조항이 추가되면서 주택협동조합에도

공유주택에서 중요시하는 커뮤니티 개념이 포함
되었습니다. 따라서 이러한 두 가지 주택유형의
장점을 결합한 '협동조합형 공유주택'을 개념화
할 수 있게 되었습니다.

공유주택과 협동조합주택 비교

구분	공유주택	협동조합주택
추진 주체	대부분 민간 주도	공공지원이 많거나 공공 주도
소유권	개인의 지분 소유가 많음	조합소유나 공공소유가 많음
참여 동기	커뮤니티에 자발적 참여	소득대비 적정 주거비Affordability
공유 시설	특성에 맞는 공유시설	공유시설이 없거나 적음
규모	보통 15~50 세대 규모	다양한 규모 (중소~대규모단지)

그러므로 한국의 주택협동조합은 소득대비 적정
주거비와 커뮤니티 복원의 두 가지 목적을 동시
에 만족시킬 수 있는, 가구소득대비 부담 가능한
공유주택Affordable Cohousing 공급을 우선 고려하여
야 합니다. 즉, 주택협동조합이 공급하거나 관리
하는 경제적인 공유주택을 중심으로 다양한 공
동체 활동을 통해 주거비용을 절감하고 자발적
인 지역 활동과 봉사로써 커뮤니티 활성화 등을
도모한다면, 주택협동조합은 급속한 도시화 과정
에서 훼손된 마을공동체의 복원과 소비자의 주거
복지 및 주거만족도 향상에 긍정적 역할을 할 것
으로 기대됩니다.

5. 주택협동조합 참여방법에 대해 간단히 알려주세요.

하우징쿱처럼 이미 설립된 주택협동조합의 조합원이 되는 방법과 이웃으로 함께 살고 싶은 5인 이상의 소비자들이 출자하여 직접 주택협동조합을 설립하는 방법이 있습니다.

하우징쿱 조합원이 되려면 조합가입원서를 작성하고 조합이 정한 일정금액의 가입비와 출자금 납부 그리고 증좌출자를 약정한 후 하우징쿱이 매월 실시하는 공개포럼과 교육에 참여하면 됩니다. 주택협동조합에 대한 세부 교육은 프로젝트가 진행되면 별도로 진행됩니다. 직접 주택협동조합을 설립하여 운영하고자 하는 경우에는 반드시 관련 분야의 협동조합, 세무, 회계, 금융, 설계, 건축 등 다양한 분야의 전문가 또는 하우징쿱과 같은 협동조합주택 개발 전문업체의 도움을 받아야 합니다. 협동조합설립 및 운용, 토지의 잠재적 가치평가와 계약, 부동산 및 건설관련 세법, 협동조합주택과 공유주택의 특성을 반영한 건축설계, 합리적인 단위주택의 배분과 가치평가, 각종 용역계약 검토, 주택협동조합의 특수성을 반영한 정관·규약·규정 제정 등의 분야는 비전문가가 하는 게 쉽지 않습니다. 협동조합주택 건설사업은 개인에게는 매우 큰 자산을 동원하는 사업입니다. 따라서 전문가의 도움 없이 사업을 추진할 경우 작은 실수도 큰 손실을 끼칠 수 있으니 유의해야 합니다.

6. 개인의 조합활동 및 조합의 운영과정을 간단히 알려주세요.

하우징쿱의 조합원이 되면 하우징쿱이 주관하는 각종 교육에 참여할 수 있고 하우징쿱이 직접 협동조합주택 개발 시 입주 우선권을 드립니다. 물론 조합활동에 적극적으로 참여하면 소비자 조합원이 주인인 하우징쿱의 이사나 직원이 되어 활동할 수도 있습니다.

하지만 실질적이고 구체적인 주택협동조합활동은 특정주택 프로젝트의 입주자로 선정되었을 때 시작됩니다. 토지의 선정, 단지구성, 건축설계, 인테리어, 마감재 선정, 조합설립 및 운영, 정관·규약·규정의 제정, 조합원 교육 등 세부적인 활동에 적극적으로 참여하게 됩니다. 이러한 모든 과정은 민주적이고 투명하게 진행됩니다.

7. 협동조합 방식으로 집을 짓는 데 드는 예산은 일반 분양주택과 비교했을 때 어느 정도 되는지요?

현재 한국에는 저렴한 택지제공, 금융지원 및 세제지원과 같은 공공 지원이 없습니다. 대도시에 협동조합주택을 건설하는 경우 소비자의 기대와 달리 크게 저렴하게 공급하기는 어렵습니다. 물론 입지와 개발사업범위에 따라 큰 차이가 있기도 합니다.

집을 짓는 예산은 크게 토지비, 건축비 및 경비로 구분할 수 있는데, 우선 토지비를 살펴보겠습니다. 요즘 수도권의 경우 특별히 저렴한 토지를 취득하기가 쉽지 않습니다. 하지만 대도시 주변과 지방의 경우 저렴한 가격으로 '전'이나 '임'을 구입한 후 지목변경을 통하여 주택을 건설할 수 있는데, 이 경우 개발이후 토지의 잠재가치가 높아집니다. 이처럼 주택개발사업을 통해 토지의 잠재적 가치를 높일 수 있을 때, 개발회사나 건설회사가 개발할 경우 이를 개발이익으로 가져갑니다. 하지만 주택협동조합을 통하여 소비자가 직접 개발할 경우 이를 조합원이 주인인 협동조합이 가져가게 됩니다. 즉, 개발이익의 외부 유출을 막아 주택공급가를 낮출 수 있습니다.

두 번째로 건축비의 경우를 보면 일반 분양주택의 경우 분양을 전제로 하여 건설하기 때문에 소비자의 소비욕구를 자극하는 장식적 요소에 많은 자원을 투입합니다. 주택협동조합은 살아가면서 유지비 절감, 불필요한 장식 배제 등 경제적이고 성능중심적인 주택을 건축하기 때문에 결과적으로 생애비용이 낮은 주택을 건설하게 됩니다. 또한 소비자의 직접참여를 통해 소비자 개인의 필요와 욕구를 충분히 반영하는 집을 짓기 때문에 소비자 만족도가 높습니다. 더불어 주택규모별로 적정수준의 공유공간 등을 두어 공간 활용의 효율성도 높일 수 있습니다.

세 번째로 경비의 경우를 보면 주택협동조합은 일반적으로 거주할 사람들이 먼저 모여 사업을 추진하기 때문에 분양경비가 거의 들지 않고, 직접 건축할 경우 이전등기과정이 빠져 절세효과도 있습니다. 소규모 주택을 임대사업 등록을 마친 '주택관리협동조합'이 추진할 경우 취득세 절세

효과도 있습니다.

결론적으로 협동조합 방식으로 주택을 마련할 경우 설계과정 참여를 통해 자기에게 맞는 주택을 건축할 수 있고, 좋은 이웃과 함께하는 주거생활을 할 수 있으며, 입지에 따라 차이는 있지만 일반 분양주택 대비 5~20% 정도의 비용 절감이 가능합니다.

8. 주택의 소유권을 주택협동조합이 갖는 주택관리협동조합 방식으로 사업을 추진할 경우 출자금과 임대료는 어떻게 구성되며 재산권 제한은 어떻게 되나요?

주택의 건축과정을 협동조합 방식으로 하고 소유권을 개인이 가지는 경우, 협동조합주택 입주 후 건축협동조합 출자금을 반환받으면 소유권 관련 문제는 거의 없습니다. 단, 초기 입주자의 이주 등으로 구성원이 바뀌면서 공동체의 지속가능성에 문제가 발생할 우려가 있습니다.

이와 반대로 주택의 소유를 주택협동조합이 갖는 '주택관리협동조합'의 경우 조합이 조합의 성격에 맞는 조합원을 선정할 수 있어서 사회적 지속가능성이 크고 체계적 주택관리가 가능합니다. 다만 법인 유지부담과 개인자산의 제한 등이 발생합니다. 주택관리협동조합은 사업규모와 토지, 주택가격 구성 및 임대료 수준 그리고 입주자의 경제적 부담능력 등을 고려하여 출자금, 임대료 및 금융기관 부채에 대한 적정 비율과 금액을 결정해야 합니다. 또한 조합운영과정에서 발생 가

능한 수많은 문제를 추정하여 조합의 정관, 규약 및 규정에 반영해야 합니다.

이처럼 주택관리협동조합의 경우 주택의 소유권을 협동조합이 갖기 때문에 공동체의 사회적 지속가능성을 높일 수 있는 장점이 있지만, 은행 담보권 설정 제한, 입주자 제한으로 인한 매매지연 및 매각 후 정산금액의 입금 지연 등 재산권에 제한을 받는다는 단점이 있습니다. 따라서 조합원들은 협동조합 추진 초기 단계에서 어떤 방식으로 할 것인지에 대해서 충분한 민주적 토론을 하여야 합니다.

9. 소비자 입장에서 협동조합 방식으로 집을 지을 때 가장 신경 써야 할 부분이나 주의할 점이 있다면 어떤 게 있을까요?

우선 협동조합과 공유주택에 대한 기본적 이해를 갖는 것이 좋습니다. 이에 대해서는 하우징쿱의 다음 카페에 있는 교육자료, 공유주택 관련 각종 전문서적을 찾아서 학습하거나 기존에 협동조합주택이나 공유주택에 거주하는 사람들을 만나 솔직한 이야기를 들어보길 권합니다.

그 다음으로는 자신이 그리는 집의 입지, 규모, 금액 등을 정해야 합니다. 함께 살고 싶은 분들이 있다면 이분들과 함께 모여 기본 방향 등을 논의합니다. 물론 이러한 논의는 반드시 각 분야의 전문가나 전문업체의 도움을 받는 것이 좋습니다. 부분적으로 알고 있는 경험에 의해 사업을 추진할 경우 예기치 못한 사업리스크로 큰 손실

을 볼 수 있고, 중립적 조정자가 없을 경우 주택의 배분과 같은 민감한 사안에서 조합원 간 불화가 생길 수 있기 때문입니다.

10. 어떤 분들에게 협동조합주택을 권하고 싶으신가요?

합리적인 가격으로 성능 좋은 주택을 마련하여 좋은 이웃들과 소통하며 사는 것을 희망하는 중산층 계층에게 적극적으로 권하고 싶습니다. 아직은 주택협동조합에 대한 공공의 지원이 거의 없지만 주택협동조합의 공공성이 공론화되어 공공의 지원이 가시화되면, 저소득 저자산 계층에게도 참여기회가 만들어질 것으로 생각합니다.

구름정원사람들
협동조합주택을
만든 사람들

1. 사업관리PM

– 사업관리 총괄 : 기노채

– 사업관리 지원 : 조용란

2. 건축설계 및 감리

– 윤승현, 장병수, 이지선, 송민준

3. 건축시공관리자

– 공사 초기 현장소장 : 박충섭

– 현장소장 : 함승

– 인테리어 : 정선아, 기송주

– 안전관리 : 지요섭

– 현장감독 : 하기홍

4. 공종별 건축 기술자

– 설비 : 이성기, 이을행

– 전기 : 오래수, 서인수

– 통신 : 최재석

– 내목, 도배, 도장 : 박창수, 서종욱

– 마루 : 김연준

– 창호 : 이동욱

– 금속 : 강신욱

– 철근 : 이영봉, 서용철

– 형목 : 김교복, 최영광

– 석재 : 남내현

– 토목 : 한영복

협동조합으로 집짓기

ⓒ 홍새라, 2015

초판 1쇄 발행 2015년 10월 27일
초판 2쇄 발행 2015년 11월 10일

지은이 | 홍새라
펴낸이 | 이기섭
편집인 | 김수영
기획편집 | 오혜영 이미아
마케팅 | 조재성 정윤성 한성진 정영은 박신영
경영지원 | 김미란 장혜정

펴낸 곳 | 한겨레출판(주) www.hanibook.co.kr
등록 | 2006년 1월 4일 제313-2006-00003호
주소 | 서울시 마포구 효창목길 6(공덕동) 한겨레신문사 4층
전화 | 02) 6383-1602~3 **팩스** | 02) 6383-1610
대표메일 | happylife@hanibook.co.kr

ISBN 978-89-8431-934-9 13590